세상에서 가장 쉬운 과학 수업

양자물질

세상에서 가장 쉬운 과학 수업

양자물질

ⓒ 정완상, 2025

초판 1쇄 인쇄 2025년 10월 17일
초판 1쇄 발행 2025년 10월 27일

지은이 정완상
펴낸이 이성림
펴낸곳 성림북스

책임편집 최윤정
디자인 쏘울기획

출판등록 2014년 9월 3일 제25100-2014-000054호
주소 제주특별자치도 제주시 한경면 고산서3길 135
대표전화 064-772-5762
팩스 064-773-5762
이메일 sunglimonebooks@naver.com

ISBN 979-11-24072-00-4   03400

노벨상 수상자들의 **오리지널 논문**으로 배우는 과학

세상에서 가장 쉬운 과학 수업

양자물질

정완상 지음

극저온의 액체헬륨부터 위상수학까지
괴짜 물질이 새로운 혁명을 일으킬 미래 과학으로의 여정

성림원북스

CONTENTS

첫 번째 만남

액체헬륨과 초유동성의 발견 / 019

만남에 덧붙여 / 197

세상에서 가장 쉬운 과학 수업 양자물질

과학을 처음 공부할 때 이런 책이 있었다면 얼마나 좋았을까

남순건(경희대학교 이과대학 물리학과 교수 및 전 부총장)

21세기를 20여 년 지낸 이 시점에서 세상은 또 엄청난 변화를 맞이하리라는 생각이 듭니다. 100년 전 찾아왔던 양자역학은 반도체, 레이저 등을 위시하여 나노의 세계를 인간이 이해하도록 하였고, 120년 전 아인슈타인에 의해 밝혀진 시간과 공간의 원리인 상대성이론은 이 광대한 우주가 어떤 모습으로 만들어져 왔고 앞으로 어떻게 진화할 것인가를 알게 해주었습니다. 게다가 우리가 사용하는 모든 에너지의 근원인 태양에너지를 핵융합을 통해 지구상에서 구현하려는 노력도 상대론에서 나오는 그 유명한 질량–에너지 공식이 있기에 조만간 성과가 있을 것이라 기대하게 되었습니다.

앞으로 올 22세기에는 어떤 세상이 펼쳐질지 매우 궁금합니다. 특히 인공지능의 한계가 과연 무엇일지, 또한 생로병사와 관련된 생명의 신비가 밝혀져 인간 사회를 어떻게 바꿀지, 우주에서는 어떤 신비로움이 가다리고 있는지, 우리는 불확실성이 가득한 미래를 향해 달려가고 있습니다. 이러한 불확실한 미래를 들여다보는 유리구슬 역할을 하는 것이 바로 과학적 원리들입니다.

지난 백여 년간 과학에서의 엄청난 발전들은 세상의 원리를 꿰뚫어보았던 과학자들의 통찰을 통해 우리에게 알려졌습니다. 이런 과학 발전을 가능하게 한 영웅들의 생생한 숨결을 직접 느끼려면 그들이 썼던 논문들을 경험해보는 것이 좋습니다. 그런데 어느 순간 일반인과 과학을 배우는 학생들은 물론, 그 분야에서 연구를 하는 과학자들마저 이런 숨결을 직접 경험하지 못하고 이를 소화해서 정리해놓은 교과서나 서적들을 통해서만 접하고 있습니다. 창의적인 생각의 흐름을 직접 접하는 것은 그런 생각을 했던 과학자들의 어깨 위에서 더 멀리 바라보고 새로운 발견을 하고자 하는 사람들에게 매우 중요합니다.

저자인 정완상 교수가 새로운 시도로써 이러한 숨결을 우리에게 전해주려 한다고 하여 그의 30년 지기인 저는 매우 기뻤습니다. 그는 대학원생 때부터 당시 혁명기를 지나면서 폭발적인 발전을 하고 있던 끈 이론을 위시한 이론물리학 분야에서 가장 많은 논문을 썼던 사람입니다. 그리고 그러한 에너지가 일반인들과 과학도들을 위한 그의 수많은 서적을 통해 이미 잘 알려져 있습니다. 저자는 이번에 아주 새로운 시도를 하고 있고 이는 어쩌면 우리에게 꼭 필요했던 것일 수 있습니다. 대화체로 과학의 역사와 배경을 매우 재미있게 설명하고, 그 배경 뒤에 나왔던 과학 영웅들의 오리지널 논문들을 풀어간 것입니다. 과학사를 들려주는 책들은 많이 있으나 이처럼 일반인과 과학도의 입장에서 질문하고 이해하는 생각의 흐름을 따라 설명한 책은 없습니다. 게다가 이런 준비를 마친 후에 아인슈타인 같은 영웅들의 논문을 원래의 방식과 표기를 통해 설명하는 부분은 오랫동안 과학을 연구해온 과학자에게도 도움을 줍니다.

이 책을 읽는 독자들은 복 받은 분들일 것이 분명합니다. 제가 과학을 처음 공부할 때 이런 책이 있었다면 얼마나 좋았을까 하는 생각이 듭니다. 정완상 교수는 이제 새로운 형태의 시리즈를 시작하고 있습니다. 독보적인 필력과 독자에게 다가가는 그의 친밀성이 이 시리즈를 통해 재미있고 유익한 과학으로 전해지길 바랍니다. 그리하여 과학을 멀리하는 21세기의 한국인들에게 과학에 대한 붐이 일기를 기대합니다. 22세기를 준비해야 하는 우리에게는 이런 붐이 꼭 있어야 하기 때문입니다.

천재 과학자들의 오리지널 논문을 이해하게 되길 바라며

사람들은 과학 특히 물리학 하면 너무 어렵다고 생각하지요. 제가 외국인들을 만나서 얘기할 때마다 신선하게 느끼는 점이 있습니다. 그들은 고등학교까지 과학을 너무 재미있게 배웠다고 하더군요. 그래서인지 과학에 대해 상당한 지식을 가진 사람들이 많았습니다. 그 덕분에 노벨 과학상도 많이 나오는 게 아닐까 생각해요. 우리나라는 노벨 과학상 수상자가 한 명도 없습니다. 이제 청소년과 일반 독자의 과학 수준을 높여 노벨 과학상 수상자가 매년 나오는 나라가 되게 하고 싶다는 게 제 소망입니다.

그동안 양자역학과 상대성이론에 관한 책은 전 세계적으로 헤아릴 수 없을 정도로 많이 나왔고 앞으로도 계속 나오겠지요. 대부분의 책은 수식을 피하고 관련된 역사 이야기들 중심으로 쓰여 있어요. 제가 보기에는 독자를 고려하여 수식을 너무 배제하는 것 같았습니다. 이제는 독자들의 수준도 많이 높아졌으니 수식을 피하지 말고 천재 과학자들의 오리지널 논문을 이해하길 바랐습니다. 그래서 앞으로 도래할 양자(量子, quantum)와 상대성 우주의 시대를 멋지게 맞이하도록 도우리라는 생각에서 이 기획을 하게 된 것입니다.

세상에서 가장 쉬운 과학 수업 양자물질

원고를 쓰기 위해 논문을 읽고 또 읽으면서 어떻게 이 어려운 논문을 독자들에게 알기 쉽게 설명할까 고민했습니다. 여기서 제가 설정한 독자는 고등학교 정도의 수식을 이해하는 청소년과 일반 독자입니다. 물론 이 시리즈의 논문에 그 수준을 넘어서는 내용도 나오지만 고등학교 수학만 알면 이해할 수 있도록 설명했습니다. 이 책을 읽으며 천재 과학자들의 오리지널 논문을 얼마나 이해할지는 독자들에 따라 다를 거라 생각합니다. 책을 다 읽고 100% 혹은 70%를 이해하거나 30% 미만으로 이해하는 독자도 있을 것입니다. 제 생각으로는 이 책의 30% 이상 이해한다면 그 사람은 대단하다고 봅니다.

이 책에서는 홀 효과에 관한 홀의 논문, 액체헬륨의 초전도성을 알아낸 오너스의 논문, 초전도체의 이론을 밝힌 바딘-쿠퍼-슈리퍼의 논문, 양자 홀 효과에 관한 클리칭의 논문, 그리고 위상물질 이론에 관한 홀데인의 논문을 다루었습니다.

먼저 우리가 일상생활에서 기체로 알고 있는 수소나 산소, 헬륨과 같은 물질을 액화한 과학자들을 이야기했습니다. 이 중 액체 상태의 헬륨은 아주 중요합니다. 초유동성과 초전도성으로 노벨 물리학상이 수여되었기 때문입니다.

고전 전자기 이론보다 먼저 등장한 홀 효과와 함께, 이것을 양자역학적으로 해석한 클리칭의 양자 홀 효과를 설명했습니다. 현미경의 역사와 더불어 양자 자석과 MRI의 발명에 얽힌 이야기도 다루었습니다. 또한 탄소를 이용한 양자물질인 그래핀, 풀러렌, 탄소 나노튜브도 알아보았습니다.

마지막 장에서는 2016년 위상물질 연구로 노벨 물리학상을 받은 사울레스, 코스털리츠, 홀데인과 그들의 업적을 소개했습니다. 특히 자기장이 없음에도 불구하고 양자 효과가 나타나는 홀데인의 1988년 논문을 살펴보았습니다. 이 논문은 위상수학이라는 굉장히 어려운 수학과 연결되어 있어 일부 내용만 언급했습니다.

〈노벨상 수상자들의 오리지널 논문으로 배우는 과학〉 시리즈는 많은 이에게 도움을 줄 수 있다고 생각합니다. 과학자가 꿈인 학생과 그의 부모, 어릴 때부터 수학과 과학을 사랑했던 어른, 양자역학과 상대성이론을 좀 더 알고 싶은 사람, 아이들에게 위대한 논문을 소개하려는 과학 선생님, 반도체나 양자암호 시스템, 우주 항공 계통 등의 일에 종사하는 직장인, 〈인터스텔라〉를 능가하는 SF 영화를 만들고 싶어 하는 영화 제작자나 웹툰 작가 등 많은 사람들에게 이 시리즈를 추천합니다.

진주에서 정완상 교수

　　　　　세상에서 가장 쉬운 과학 수업 양자물질

현대 위상물질 이론의 창시자 홀데인
_ 비슈와나트 교수 깜짝 인터뷰

말보다 깊은 생각이 흐르는 강의실

기자 오늘은 1988년 홀데인 교수가 발표한 위상물질 이론 논문에 관해 그의 제자인 아슈빈 비슈와나트(Ashvin Vishwanath, 1973~) 하버드 대학 교수와 인터뷰를 진행하겠습니다. 비슈와나트 교수님, 나와 주셔서 감사합니다.

비슈와나트 제가 제일 존경하는 스승인 홀데인 교수님의 논문에 관한 내용이라 만사를 제치고 달려왔습니다.

기자 홀데인 교수님은 어떤 분인가요?

비슈와나트 홀데인 교수님은 말수가 적으세요. 그렇다고 조용하기만 한 건 아니에요. 그분의 강의에는 말보다 깊은 생각이 흐르고, 칠판 위에는 공식보다 넓은 세계관이 펼쳐져요. 강의실에 들어선 교수님은 목소리를 높이지 않아요. 그저 조용히 칠판 앞에 서서 수식 하나를 적고, "이건 이런 뜻입니다." 하고 말씀하세요. 하지만 그 짧은 문장에는 듣는 이로 하여금 며칠, 아니 몇 년을 두고 생각하게 만드는 힘이 있어요.

기자 홀데인 교수님의 강의가 궁금한데요?

비슈와나트 홀데인 교수님의 수업은 공식 외우기나 빠른 문제 풀이 중심이 아니에요. 오히려 "왜?"라는 질문을 던지고, "무엇이 변하지 않는가?"라는 개념을 함께 찾아가요. 학생이 손을 들고 물어보면 홀데인 교수님은 바로 답을 주지 않아요. 대신 그 물음에 다시 질문으로 돌려주거나, 비유를 하나 던진 뒤에 이렇게 말씀하세요.
"그건 스스로 생각해 볼 문제예요."
그 순간 우리는 교수님의 침묵 속에 담긴 배려를 느끼죠. 그건 학생이 스스로 답을 발견할 수 있도록 하는 기다림이에요.

기자   멋진 수업 방식이네요.

홀데인의 1988년 논문 개요

기자   홀데인 교수님의 1988년 논문을 소개해 주세요.

비슈와나트 우리가 양자 홀 효과(Quantum Hall Effect)라고 하면 떠오르는 조건이 있어요. 바로 강한 자기장이에요. 전자가 평면 안에서 움직일 때, 자기장이 있으면 전자의 궤도가 원을 그리며 양자화되죠. 그 결과로 전도도(전류의 흐름 정도)가 정수 단위로 '뚝뚝' 떨어지듯 나타나요. 이걸 바로 정수 양자 홀 효과(Integer Quantum Hall Effect)라고 불러요. 하지만 1988년, 홀데인 교수님은 세상의 물리학자들을 깜짝 놀라게 하는 논문을 발표했어요.

기자   어떤 내용이었나요?

비슈와나트 홀데인 교수님은 그래핀(graphene)과 같은 벌집 모양의

                                    세상에서 가장 쉬운 과학 수업 양자물질

격자(honeycomb lattice)를 가진 2차원 물질을 생각했어요. 그 구조 안에서 전자가 단순히 가까운 이웃으로만 움직이는 게 아니라 조금 멀리 있는 다음 이웃으로도 이동하게 만들었죠. 그리고 그 과정에 위상(phase)이라는 작은 비틀림을 추가했어요. 이 비틀림은 전체적으로 보면 자기장이 없지만, 전자의 경로마다 '작은 시간 반전 대칭 깨짐'을 유도해요. 결과적으로 이 구조 안에서는 전류가 흐를 때 전도도가 양자화되는 현상이 나타나요. 그런데 자기장은 없죠. 이게 바로 홀데인 모델의 핵심이에요.

기자　　　더 자세히 알아보고 싶군요.

홀데인의 1988년 논문이 일으킨 파장

기자　　　홀데인 교수님의 1988년 논문은 어떤 변화를 가져왔나요?

비슈와나트 논문이 발표되었을 때 물리학계는 조용했어요. 하지만 그 파장은 깊고, 멀고, 결국 혁명적이었어요. 이 논문은 전통적인 '양자 홀 효과' 개념에 반기를 들었어요. 자기장이 없는데도 전도도가 양자화되는 점에 대해 다른 물리학자들은 "흥미롭지만 비현실적"이라는 반응이 많았어요. 왜냐하면 실험으로 확인할 기술이 당시에 없었기 때문이에요.

기자　　　실험으로 검증되었나요?

비슈와나트 2004년 실험물리학자들이 그래핀이라는 놀라운 물질을 얻었어요. 홀데인 교수님이 가정했던 바로 그 벌집 격자 구조를 가진 물질이었죠. 그러자 학자들은 홀데인 교수님의 1988년 논문을 다시 꺼내 보았어요.

"이거, 실제로 만들 수 있지 않나요?"

"이게 위상 절연체(topological insulator)의 시초 아닙니까?"

그제야 모두가 깨달았어요. 홀데인 모델은 단지 이론이 아니라, 미래 재료과학과 정보기술의 열쇠였던 거죠.

기자　　　이 논문으로 노벨 물리학상을 받으셨군요.

비슈와나트　맞습니다. 홀데인 교수님은 자신이 이룬 업적을 자랑하지 않으세요. 노벨상을 받고도 "그냥 재미있는 문제를 푼 것뿐이에요."라고 담담하게 말씀하셨어요. 하지만 우리는 압니다. 그분이 이론으로 밝혀낸 '보이지 않는 질서'가 미래 기술, 새로운 과학, 젊은 연구자들의 길이 되고 있는 걸요.

기자　　　그렇군요. 지금까지 홀데인 교수의 논문에 대해 비슈와나트 교수의 이야기를 들어 보았습니다.

액체헬륨과 초유동성의 발견

기체의 액화 _ 상상할 수 없을 정도로 낮은 온도에서

정교수　우리는 고체, 액체, 기체 상태의 물질에 둘러싸여 있어. 액체 상태의 물은 0℃에서 얼음이라는 고체 상태로 변하고 100℃에서 수증기라는 기체 상태로 변하지. 이렇게 물질은 온도에 따라 고체, 액체, 기체 중의 한 형태가 돼.

물리군　공기도 액체로 변할 수 있어요?

정교수　물론이야. 우리가 숨 쉬는 데 필요한 공기는 주로 기체 상태의 질소와 산소로 이루어져 있어. 온도가 내려가면 질소와 산소도 액체 상태로 변하지.

물리군　아무리 추워도 공기가 액체로 변하는 것 같지는 않은데요?

정교수　상상할 수 없을 정도로 낮은 온도에서 액체로 변해. 실험실에서 이런 낮은 온도를 설정하면 액체 상태의 질소나 산소를 만들 수 있어. 이렇게 기체가 액체로 변하는 현상을 액화라 하고, 액화가 일어나는 온도를 액화점이라고 불러.

　기체를 처음 액화시킨 과학자들의 이야기를 해보자. 먼저 액체산소를 발견한 카유테를 소개하겠다.

　카유테는 프랑스 동부의 샤티용쉬르센에서 태어났다. 파리에서 교육을

카유테(Louis Paul Cailletet, 1832~1913, 사진 출처: Francois Darbois/Wikimedia Commons)

받은 그는 아버지의 제철소를 관리하기 위해 고향으로 돌아왔다. 카유테는 철을 가열하면 가스가 용해되어 매우 불안정한 상태로 변하는 것을 발견했다. 그는 용광로에서 나오는 가스를 분석하여 금속의 상태변화를 연구했다. 이 과정에서 다양한 기체를 액화하는 작업을 하게 되었다.

샤티용쉬르센(출처: Myrabella/Wikimedia Commons/CC BY-SA 4.0)

1877년에 카유테는 액체산소 방울을 생성하는 데 성공했다. 산소는 고도로 압축된 상태에서 냉각된 다음 빠르게 팽창했고, 더 냉각되어 작은 액체산소 방울이 만들어졌다.

카유테의 가스 액화 장치

같은 해에 스위스의 픽테도 다른 방법으로 산소의 액화에 성공했다.

픽테(Raoul-Pierre Pictet, 1846~1929)

세상에서 가장 쉬운 과학 수업 양자물질

픽테의 실험실에서 가스 액화 작업

물리군　산소의 액화점은 얼마예요?

정교수　−182.96℃야. 약 영하 183도지.

물리군　엄청나게 낮은 온도군요.

정교수　그렇지.

물리군　산소가 고체, 액체, 기체의 세 가지 형태를 취한다는 건 처음 알았어요.

정교수　두 과학자가 발견한 액체산소는 물방울 모양이었어.

이번에는 충분한 양의 액체산소를 만든 두 과학자를 살펴보자.

브로블레프스키는 러시아의 그로드노(현재 벨라루스)에서 태어났다. 그는 키예프 대학에서 공부했고, 1863년 1월 제정 러시아에 대항한 봉기에 참여한 혐의로 6년간 망명했다. 이후 베를린과 하이델베르크에서 공부했다. 그는 1876년 뮌헨 대학에서 박사 학위 논문을 썼고, 스트라스부르 대학의 조교수가 되었다. 1880년에는 폴란드 교육 아카데미의 회원이 되었다. 그 후 브로블레프스키는 야기엘로니안 대학에서 물리학 교수로 일했다. 이때 올셰프스키를 만나 기체의 액화를 공동으로 연구했다.

브로블레프스키(Zygmunt Wróblewski, 1845~1888)

올셰프스키(Karol Olszewski, 1846~1915)

올셰프스키는 1846년 폴란드의 브로니슈프에서 태어났다. 그는 타르누프에 있는 카지미에시 브로진스키 고등학교를 졸업했다. 그 후 크라쿠프의 야기엘로니안 대학에서 수학과 물리학, 화학과 생물학을 공부했다. 올셰프스키는 하이델베르크 대학에서 박사 학위 논문을 쓰고, 야기엘로니안 대학에 돌아와 부교수가 되었다.

세상에서 가장 쉬운 과학 수업 양자물질

1900년경 야기엘로니안 대학

1883년 3월 29일, 브로블레프스키와 올셰프스키는 산소를 응축시키는 새로운 방법을 사용했다. 같은 해 4월 13일에는 질소를 응축시켰다. 두 사람은 충분한 양의 액체산소를 얻는 데 성공했다.

액체산소

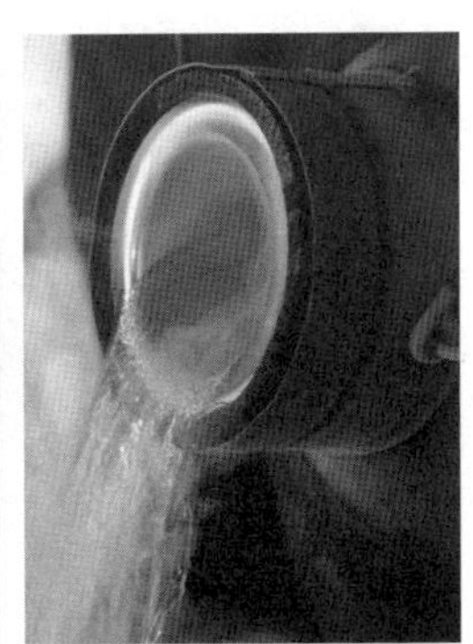

액체질소(출처: Robin Müller)

브로블레프스키는 수소의 물리적 성질을 연구하다가 등유 램프를 뒤집어 심한 화상을 입었다. 얼마 지나지 않은 1888년 4월 16일, 그는 크라쿠프 병원에서 사망했다. 그리고 크라쿠프의 라코비츠키 묘지에 묻혔다.

이제 액체수소를 처음 만들어낸 듀어에 대해 알아보자.

듀어(Sir James Dewar, 1842~1923)

듀어는 1842년 스코틀랜드 킹카딘[1]에서 태어났다. 그는 킹카딘 교구학교와 달러 아카데미에서 교육을 받고, 에든버러 대학에서 화학을 공부했다.

---

1) 현재 스코틀랜드 파이프의 포스만 북쪽 해안에 있는 마을

　　　세상에서 가장 쉬운 과학 수업 양자물질

에든버러 대학(출처: LWYang from USA/Wikimedia Commons)

1875년 듀어는 케임브리지 대학의 자연실험철학 교수가 되었고, 1877년에는 화학과 교수가 되었다. 그는 광범위한 분야를 연구했다. 그의 초기 논문은 유기화학, 수소 및 그 물리상수, 고온 연구, 태양 및 전기 스파크의 온도, 분광 광도법 및 전기 아크의 화학에 관한 것이었다.

1878년 듀어는 다양한 기체 원소의 분광학을 연구했고, 특히 낮은 온도에서 기체의 성질을 조사했다. 1884년 그는 −218.79℃에서 고체 상태의 산소를 얻는 데 성공했다.

1891년까지 듀어는 왕립 연구소에서 액체산소를 대량으로 생산하는 기계를 설계하고 제작했다. 그해 말에 그는 액체산소와 액체오존이 모두 자석에 강하게 끌리는 것을 알아냈다. 1892년경에는 액화가

스를 저장하기 위한 진공 단열 용기를 발명했다.

1898년 듀어는 왕립 연구소에서 대형 재생 냉각 냉동기를 제작했다. 이 기계를 사용하여 처음으로 액체수소를 만들었고, 이듬해에는 고체수소를 만들었다.

왕립 연구소에서 듀어

액체수소의 궤적

세상에서 가장 쉬운 과학 수업 양자물질

액체헬륨의 발견 _ 극저온에 도전하다

첫 번째 만남 _ 액체헬륨과 초유동성의 발견

정교수 듀어는 헬륨을 액화하려고 시도했으나 결국 실패했어. 그는 여러 차례 노벨상 후보에 이름을 올렸지만, 노벨상은 액체헬륨을 발견한 오너스의 몫이었지. 이번에는 오너스의 생애와 연구를 살펴볼게.

오너스(Heike Kamerlingh Onnes, 1853~1926, 1913년 노벨 물리학상 수상)

오너스는 1853년 네덜란드 흐로닝언에서 태어났다. 어린 시절부터 과학에 재능이 있었던 그는 고등학교 때 전국 물리 경시대회에서 상을 받기도 했다.

1870년 오너스는 흐로닝언 대학에 입학했다. 1871년부터 1873년까지는 하이델베르크 대학의 로베르트 분젠과 구스타프 키르히호프 밑에서 공부했다. 그리고 흐로닝언 대학에서 1878년에 석사 학위를, 이듬해 지구 자전에 대한 새로운 증명 연구로 박사 학위를 받았다.

하이델베르크 대학(출처: Nikolai Karaneschev)

1878년부터 1882년까지 오너스는 델프트 공과대학에서 일했다. 이후 1923년까지 레이던 대학에서 실험물리학 교수로 재직했다.

레이던 대학에서 오너스는 헬륨 액화에 모든 정성을 쏟았다. 그는 헬륨이 액체로 변하는 온도가 수소나 질소에 비해 엄청나게 낮을 거라고 생각했다. 그래서 저온 장치를 만드는 데 열중했다. 그 과정은 20년 넘게 걸리는 일이었다. 오너스는 레이던 대학에 극저온 실험실을 만들어 이 절대영도에 가까운 극저온에 도전했다. 현재 이곳은 카메를링 오너스 실험실로 알려져 있다.

카메를링 오너스 실험실

극저온에 대한 26년 동안의 노력은 1908년 7월 10일에 드디어 결실을 맺었다. 이날 오너스는 −269℃에서 헬륨을 액화하는 데 성공했다.

일반적으로 과학자는 절대온도를 주로 사용한다. 절대온도 0K는 −273.2℃에 해당한다. 그러므로 섭씨온도에 273.2를 더하면 절대온도가 나온다. 즉, 헬륨이 액화하는 온도를 절대온도로 나타내면 4.2K이다. 헬륨 액화에 성공함으로써 이제 액화되지 않는 기체는 더 이상 존재하지 않게 되었다.

액체헬륨

1908년 실험실에서 오너스(왼쪽)와 판데르발스

1919년 헬륨 액화기 옆의 오너스(오른쪽)

　　액체헬륨을 발견한 오너스는 극저온을 추가로 연구하기 위해 더 많은 양의 헬륨이 필요했다. 그는 1911년 벨스바흐의 회사에서 헬륨을 얻을 수 있었다. 그 회사에서는 가스맨틀용 토륨을 생산하는데 토리아나이트를 처리하는 과정에서 부산물로 헬륨이 만들어졌다. 이러한 액체헬륨으로 극저온의 물리학이 탄생했다.

액체헬륨 용기
(출처: Adville/Wikimedia Commons)

세상에서 가장 쉬운 과학 수업 양자물질

첫 번째 만남 _ 액체헬륨과 초유동성의 발견

정교수 액체헬륨이 보여주는 신기한 현상이 있어. 이걸 발견한 두 과학자의 이야기를 하려고 해. 먼저 러시아의 카피차를 소개할게.

카피차는 1894년 러시아 발트해의 코틀린섬에 있는 크론시타트에서 태어났다. 그는 1912년 크론시타트 왕립 고등학교를 졸업하고, 상트페테르부르크 공립 기술대학에서 기계공학을 전공했다.

카피차(Pyotr Leonidovich Kapitsa, 1894~1984, 1978년 노벨 물리학상 수상)

상트페테르부르크 공립 기술대학

이 대학에서 물리학을 가르치던 이오페(A. F. Ioffe) 교수는 카피차의 물리 능력을 우수하게 평가했다. 그는 카피차에게 자신의 실험실에 와서 물리 실험을 하게 했다.

1915년 이오페(앞줄 가운데)와 카피차(뒷줄 왼쪽 끝)

1915년 1월, 카피차는 제1차 세계대전 중 군대에 자원입대하여 의무 차량 운전병으로 복무했다. 5월까지 그는 트럭으로 전쟁 부상자들을 폴란드 전선으로 이송했다. 1916년에 제대한 카피차는 대학으로 돌아왔다. 이오페 교수는 카피차를 실험실에서 일하게 했고, 그해 카피차는 첫 번째 논문을 썼다.

그 후 영국으로 유학한 카피차는 케임브리지 대학 캐번디시 연구소에서 러더퍼드와 함께 10년 이상 일했다. 1920년대에 그는 특수 제작된 전자석에 짧은 시간 동안 고전류를 주입하여 초강력 자기장을 생성하는 기술을 개발했다. 1928년에는 매우 강한 자기장하에서 다양한 금속의 저항률과 자기장 강도 사이의 선형 관계를 발견했다.

 세상에서 가장 쉬운 과학 수업 양자물질

　　1934년 카피차는 부모를 방문
하기 위해 소련으로 돌아왔다. 그
는 다시 영국으로 가려고 했으나
소련 정부에 저지당했다. 고자기
장 연구에 필요한 장비가 케임브
리지에 남아 있었기 때문에 카피
차는 연구 분야를 저온물리 쪽으
로 바꾸었다. 그는 상당한 양의 액

카피차(왼쪽)와 세묘노프

체헬륨을 만들 수 있는 독창적인 장치를 개발했다.

　　카피차는 러더퍼드의 도움으로 소련에 물리 문제 연구소를 세웠
다. 이곳은 훗날 카피차 물리 문제 연구소가 되었다.

카피차 물리 문제 연구소(출처: Kemal KOZBAEV/Wikimedia Commons)

카피차는 액체헬륨을 연구하던 중 1937년에 액체헬륨의 초유동성을 발견했다. 2년 뒤 그는 고효율 팽창 터빈을 사용하여 공기를 액화하는 새로운 방법을 개발했다. 1950년에서 1955년 사이에는 고출력 마이크로파 발생기를 발명했다.

두 번째로 소개할 과학자는 캐나다의 물리학자 앨런이다.

앨런(John Frank Allen, 1908~2001, 사진
출처: Karol kmieć/Wikimedia Commons)

앨런은 캐나다 위니펙에서 태어났다. 그의 아버지 프랭크 앨런(Frank Allen)은 매니토바 대학의 물리학 교수였다. 앨런은 매니토바 대학에서 물리학을 공부했으며 1928년에 학사 학위를 받았다. 그후 토론토 대학에서 대학원 과정을 밟았다. 그는 1930년에 석사 학위를 취득하고 초전도성을 연구하여 1933년에 박사 학위를 받았다. 그리고 1935년까지 캘리포니아 공대(Caltech)에서 박사 후 연구원으로 일했다.

1934년 카피차는 부모를 방문하러 소련으로 갔다가 영국으로 돌아오지 못했다. 따라서 1935년 앨런이 케임브리지의 몬드 연구소에 합류했을 때, 카피차는 이미 자리에 없었다. 앨런은 카피차와 직접 함께 실험하지는 못했고, 독립적으로 초저온 실험을 이어갔다. 한편 카피차는 모스크바에서 자체 연구를 계속하면서 액체헬륨의 특성을 탐구했다. 결국 두 사람은 서로 다른 장소에서, 그러나 거의 같은 시기에 액체헬륨이 초유체라는 사실을 각각 발견했다. 그 결과는 1938년 《네이처(Nature)》의 같은 호에 나란히 실렸다. 하지만 초유동성에 대한 노벨상은 1978년에 카피차에게만 수여되었다.

앨런은 1947년까지 케임브리지에 머물렀다가, 그해 스코틀랜드 세인트앤드루스 대학의 자연과학대학 교수가 되었다. 그는 1966년부터 1969년까지 국제 순수 및 응용 물리학 연합의 초저온 위원회 의장을 역임했으며, 왕립 학회의 영국 국립 물리학 위원회 회원이었다.

세인트앤드루스 대학(출처: Pwstauk/Wikimedia Commons)

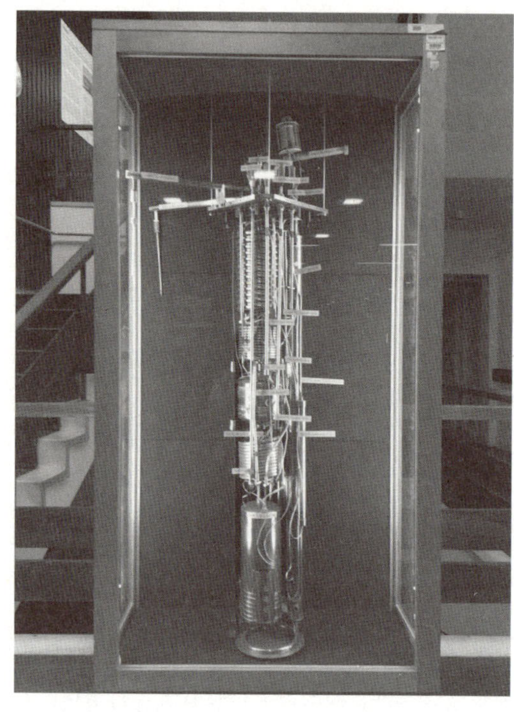

1952년 앨런이 세인트앤드루스
대학에서 만든 헬륨 액화기(출처:
Pwstauk/Wikimedia Commons)

물리군 앨런은 노벨상을 아쉽게 놓쳤군요.

정교수 그런 셈이지. 두 사람이 발견한 것은 헬륨이 극저온으로 냉
각되어 액화할 때 초유동성이 발생한다는 거야.

물리군 초유동성이 뭔가요?

정교수 초유동성은 유체의 점도(끈적끈적한 정도)가 0이 되는 신기
한 특성으로, 일반적인 유체에서는 나타나지 않는 현상이야. 초유동
성이 있는 유체를 초유체라고 해. 초유체는 일반 유체와 다르게 운동
에너지의 손실 없이 흐르지.

　세상에서 가장 쉬운 과학 수업 양자물질

　초유동성은 액체헬륨에서 일어나는데, 점성이 존재하지 않는 점 때문에 다양한 현상이 발생한다. 초유체는 마찰을 거의 받지 않는다. 그래서 액체헬륨이 플라스크를 타고 올라가 바깥으로 흐르거나, 병에서 분수처럼 솟아오르기도 한다.

앨런이 촬영한 '분수'
(출처: Karol kmieć/Wikimedia Commons)

　초유체의 또 다른 특징은 소용돌이 현상이다. 이러한 현상은 일반 유체에서는 볼 수 없다.

두 번째 만남

•

현미경의 역사

정교수　지금부터는 작은 물체를 크게 보는 장치인 현미경의 역사를 알아볼 거야. 현미경은 빛을 사용하는 광학현미경과 전자빔을 사용하는 전자현미경으로 나뉘지. 먼저 발명된 광학현미경부터 살펴볼게.

굴절을 통해 광선을 집중하거나 분산하는 장치를 렌즈라고 한다. 렌즈는 유리나 플라스틱과 같은 재료로 만들어지며, 필요한 모양으로 연마 또는 성형된다.

일부 고고학자들은 고대에 수천 년에 걸쳐 렌즈가 널리 사용되었다고 믿고 있다.

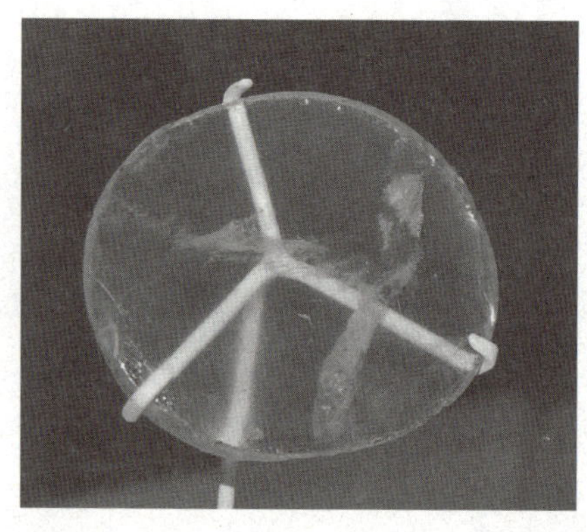

기원전 8세기에 암석 결정으로 만든 렌즈. 대영박물관 보관(출처: Geni/Wikimedia Commons)

고대 그리스의 극작가 아리스토파네스(Aristophanes, B.C.446?~B.C.386?)는 기원전 424년 희곡 〈구름〉에서 불타는 유리를 언급했다. 여기서 불타는 유리는 빛을 집중시켜서 불을 붙일 수 있는 볼록렌즈를 의미한다.

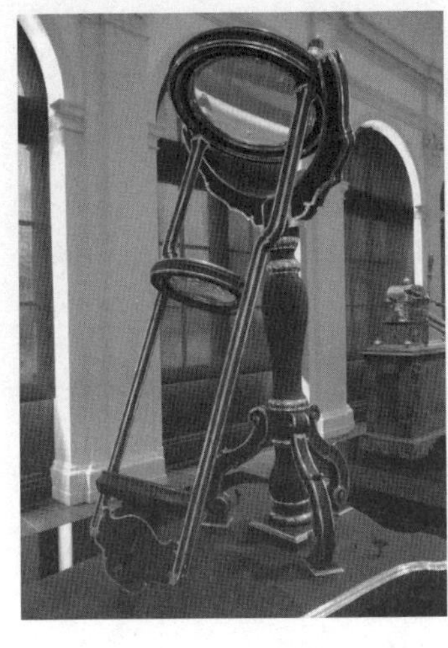

두 개의 볼록렌즈로 구성된 연소 장치

작은 글자를 확대해서 볼 수 있는 렌즈를 과거에는 독서석(reading stone)이라고 불렀다. 이것은 9세기에 압바스 이븐 피르나스가 발명했다. 초기의 독서석은 석영이나 에메랄드로 만들었다.

독서석(출처: Ziko van Dijk/Wikimedia Commons)

이븐 피르나스(Abbas ibn Firnas, 810?~887, 사진 출처: Zaltmatchbtw/Wikimedia Commons)

이븐 피르나스는 코르도바의 칼리프국 론다에서 태어났다. 이 왕국은 756년부터 1031년까지 우마이야 왕조가 통치한 아랍 이슬람 국가이다. 영토는 이베리아반도(현재 스페인과 포르투갈)와 북아프리카 일부 지역이었다.

이븐 피르나스는 무색 유리를 제조하는 기술을 알아냈고, 다양한 유리구를 만들었다. 교정 렌즈(독서석)를 발명했고, 행성과 별의 움직임을 관찰하는 장치도 제작했다. 또한 물시계인 알마카타를 설계했다.

그는 하늘을 날려고 시도한 최초의 사람이었다. 깃털로 몸을 덮고 두 날개를 단 그는, 높은 곳에 올라가 공중으로 몸을 던지기도 했다.

안경은 13세기 후반 북부 이탈리아에서 독서석을 개선하면서 발명되었다. 안경 개발은 베네치아와 피렌체에서 시작했고, 네덜란드와 독일에서는 안경용 렌즈를 연마하는 광학 산업이 발달했다. 안경 제작자들은 렌즈의 효과를 관찰하고 얻은 경험 지식에 기반하여 더 나은 형태의 시력 교정 렌즈를 만들었다.

1590년 네덜란드의 안경 제작 기술자인 자하리아스 얀선이 이미지를 더 크게 만들기 위해 하나의 관에 2개, 혹은 그 이상의 렌즈를 사용한 복합현미경을 개발했다. 하지만 얀선의 복합현미경은 널리 쓰이지는 않았다. 렌즈를 통해 물체의 상이 맺힐 때 물체 주변에 색의 주름이나 번짐이 나타나는 현상인 색수차를 해결하지 못했기 때문이다. 색수차와 같은 왜곡 현상은 19세기에 접어들어서야 비로소 극복할 수 있었다.

얀선(Zacharias Jansen, 1585~1632)

그사이에 또 다른 네덜란드인이 현미경 기술을 정점에 올려놓았다. 초창기 현미경 개발에서 가장 유명한 사람은 아마추어 과학자 레이우엔훅이다. 그는 17세기 후반에 놀랄 만큼 배율이 높은 렌즈를 개발했으며, 이를 이용해 세균학 분야를 개척했다.

레이우엔훅(Antoni van Leeuwenhoek, 1632~1723)

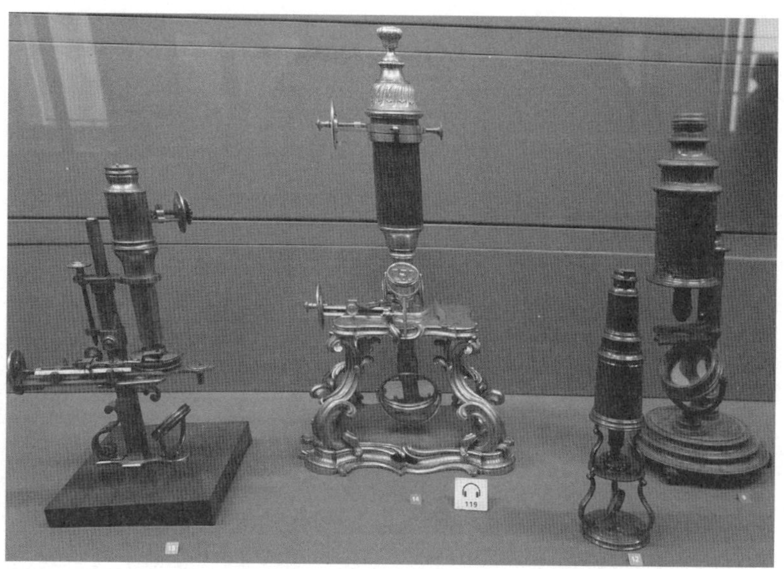

파리 기술공예박물관의 18세기 현미경(출처: Edal Anton Lefterov/Wikimedia Commons)

세상에서 가장 쉬운 과학 수업 양자물질

정교수　이제 새로운 현미경의 발명으로 노벨상을 수상한 과학자들의 이야기를 해볼게. 20세기 초에 광학현미경을 대체할 중요한 도구가 개발되었어. 이 현미경은 빛이 아닌 전자빔으로 이미지를 생성하기 때문에 전자현미경이라고 불러. 전자현미경을 만든 과학자는 루스카야.

루스카(Ernst Ruska, 1906~1988, 1986년 노벨 물리학상 수상, 사진 출처: 범용 리투아니아 백과사전)

에른스트 루스카는 독일 하이델베르크에서 태어났다. 그는 하이델베르크의 문법학교에서 조기교육을 받았으며, 1925년부터 1927년까지 뮌헨 공과대학에서 전자공학을 공부했다. 그 후 베를린 공과대학에 입학해 1931년에 학사 학위와 전기 엔지니어 자격증을 취득했다. 1933년 그는 베를린 공과대학에서 박사 학위를 받았다.

1931년 루스카는 빛보다 파장이 1000배 짧은 전자빔을 사용하는 현미경이 빛을 이용하는 광학현미경보다 물체를 더 자세히 볼 수 있다고 주장했다. 그는 자기코일이 렌즈 역할을 하는 것을 알아냈는데, 이를 자기렌즈라고 부른다.

1933년 박사 학위를 딴 후 루스카는 텔레비전 회사인 Fernseh AG에서 일했다. 1937년부터는 지멘스(Siemens-Reiniger-Werke AG)에서 전자광학 분야의 일을 맡았다. 그곳에서 그는 전자현미경 개발에 참여했고, 이것은 1939년 최초로 상업적으로 생산되었다.

에를랑겐에 있는 과거 지멘스 건물(출처: Janericloebe/Wikimedia Commons)

세상에서 가장 쉬운 과학 수업 양자물질

1939년 루스카가 만든 전자현미경
(출처: J Brew/Wikimedia Commons)

　루스카는 1955년에 지멘스를 떠나 1974년까지 프리츠 하버 연구소의 전자현미경 연구소 소장으로 재직했다. 동시에 그는 1957년부터 1974년 은퇴할 때까지 베를린 공과대학에서 교수로 일했다.

베를린 공과대학

물리군　전자현미경은 어떻게 작동하나요?

정교수　루스카가 발명한 전자현미경을 투과전자현미경(transmission electron microscope) 또는 줄여서 TEM이라고 불러. 이 전자현미경은 전자총, 자기렌즈, 조리개, 검출기, 그 외에 여러 가지 수차를 조정하는 코일들로 이루어져 있어.

전자현미경의 구성 요소 중 하나인 전자총은 전자현미경 내에서 전자를 생성하고 그것을 가속하는 부품이다. 전자총의 필라멘트로는 텅스텐을 사용한다. 텅스텐 필라멘트가 고온으로 가열되면 금속 표면의 전자들이 튀어나온다. 필라멘트에서 방출된 전자들에 1V에서 30kV 사이의 고전압을 적용해 가속되는 전자빔을 만든다.

　　　　　세상에서 가장 쉬운 과학 수업 양자물질

전자총

전자현미경을 구성하는 또 다른 부품인 자기렌즈는 원통형 구조에 코일이 감겨 있는 전자석이다. 이것은 전자가 외부 자기장에 의해 휘어지는 성질을 이용해 전자를 한 지점에 집중시킨다. 즉, 광학현미경에서 렌즈가 하는 역할을 한다. 자기렌즈는 광학렌즈와 달리 아주 작은 입자인 전자를 사용하기 때문에 해상도가 매우 높은 장점이 있다. 전자빔의 파장이 빛의 파장에 비해 훨씬 짧아 더 작은 물체를 관찰하는 게 가능하다.

현재 사용되는 투과전자현미경
(출처: Johannes Schneider/Wikimedia Commons)

주사터널링현미경 _ 전자의 양자역학적 터널링으로

정교수　이번에는 주사터널링현미경을 발명해서 루스카와 같은 해에 노벨 물리학상을 받은 두 명의 과학자를 만나보려고 해. 먼저 비니히를 소개할게.

비니히(Gerd Binnig, 1947~,
1986년 노벨 물리학상 수상)

비니히는 독일 프랑크푸르트에서 태어났다. 열 살 때 그는 물리학자가 되기로 결심했다. 15세에는 바이올린을 시작해 학교 오케스트라에서 연주했다. 비니히는 프랑크푸르트 괴테 대학에서 물리학을 공부하여 1973년에 학사 학위를, 1978년에 박사 학위를 받았다. 그 후 IBM 취리히 연구소에 입사했다.

세상에서 가장 쉬운 과학 수업 양자물질

프랑크푸르트 괴테 대학(출처: Sith Cookie/Wikimedia Commons)

두 번째로 소개할 과학자는 스위스의 로러이다.

로러(Heinrich Rohrer, 1933~2013,
1986년 노벨 물리학상 수상, 사진 출처: ETH Library)

로러는 스위스 부흐스에서 태어났다. 그는 1949년 가족이 취리히로 이사할 때까지 시골에서 평온한 어린 시절을 보냈다. 1951년에는 취리히 연방 공과대학(ETH)에 입학하여 볼프강 파울리(Wolfgang Pauli)의 제자가 되었다.

로러의 학업은 스위스 산악 보병대에서 군 복무를 시작하며 중단되었다. 1961년 그는 미국 뉴저지주의 러트거스 대학에서 버니 세린(Bernie Serin)과 함께 초전도체와 금속의 열전도율을 공동 연구했다. 1963년에는 IBM 취리히 연구소에 합류했다. IBM에서 처음 몇 년 동안은 펄스 자기장에서 자기저항을 이용한 시스템을 연구했다.

비니히와 로러는 1978년 IBM 취리히 연구소에서 처음 만났다. 이때부터 새로운 형태의 전자현미경 개발에 착수했다. 두 사람은 1981년에 주사터널링현미경(STM)을 개발했다. 이 업적으로 1986년 노벨 물리학상을 수상했다.

주사터널링현미경은 전자의 양자역학적 터널링을 이용하는 장비다. 전도성 팁을 시료 표면에 아주 가깝게 가져간 상태에서 팁과 시료 사이에 바이어스 전압을 걸어준다. 그러면 전자가 진공의 에너지 장벽을 뚫고 한쪽에서 다른 쪽으로 넘어갈 수 있다. 그 결과로 생기는 터널링 전류는 팁의 위치, 가해진 전압, 그리고 시료의 국소 상태 밀도(local density of states)에 의해 결정된다. 팁 끝으로 시료 표면을 스캔하면서 팁과 시료 사이를 흐르는 터널링 전류를 측정해 표면을 관찰할 수 있다.

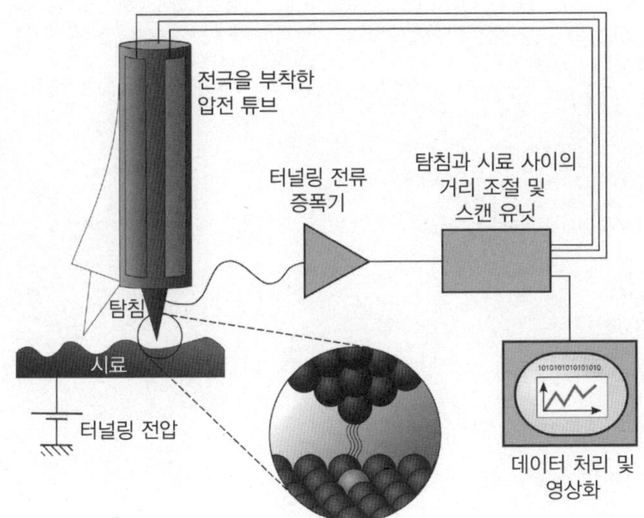

주사터널링현미경의 개략도(출처: Michael Schmid and Grzegorz Pietrzak/Wikimedia Commons)

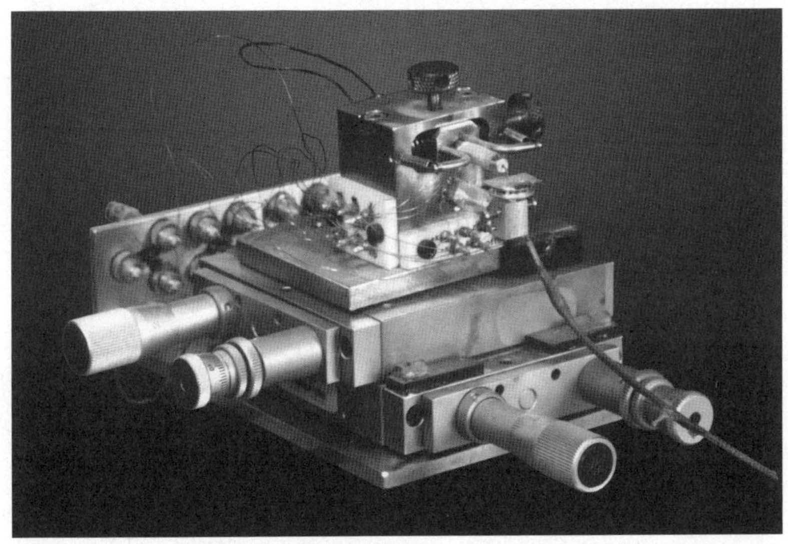

1986년 STM(출처: Rama/Wikimedia Commons)

세 번째 만남
·
초전도 이론

정교수　먼저 옴의 법칙을 발견한 옴에 대해 알아볼까?

　옴은 독일 에를랑겐에서 열쇠 수리공의 아들로 태어났다. 그의 아버지는 독학으로 수학과 물리학을 배웠고, 자신이 공부한 것을 아들에게 가르쳐주었다. 옴은 11세부터 15세까지 에를랑겐 김나지움에 다녔지만, 이곳에서 특별한 과학 수업을 받지는 못했다.

옴(Georg Simon Ohm, 1789~1854, 사진 출처: Look and Learn)

에를랑겐(출처: H. Helmlechner/Wikimedia Commons)

17세에 옴은 니다우 근처 고트슈타트에 있는 학교의 수학 교사가 되었다. 에를랑겐 대학에 들어간 그는 1811년에 박사 학위를 받고 그곳의 수학 강사가 되었다. 강사 봉급만으로 생활이 어려웠기 때문에, 1813년에 밤베르크에 있는 학교 교수가 되어 수학을 가르쳤다.

1817년 옴은 쾰른의 예수회 김나지움 교수가 되었다. 이 학교는 훌륭한 과학 교육으로 명성이 높았다. 옴은 수학뿐만 아니라 물리학도 가르쳤다. 이곳의 물리학 실험실은 시설이 잘 갖추어져 있어서 그는 물리학 실험을 시작할 수 있었다.

옴은 도선에 전류가 흐를 때 전압과 전류의 관계를 알아냈다. 이 내용은 그의 책 《수학적으로 연구한 갈바니 회로(1827)》에 처음 등장했다. 이것이 바로 그 유명한 옴의 법칙이다.

옴의 법칙은 전지의 전압이 크면 도선에 흐르는 전류의 세기가 커지는 것을 의미한다. 즉, 전압 V와 전류 I가 비례한다는 내용이다. 이때 비례상수를 R로 쓰고, 전기저항 또는 저항이라고 부른다. 옴의 법칙을 식으로 나타내면

$$V = I \times R$$

이다.

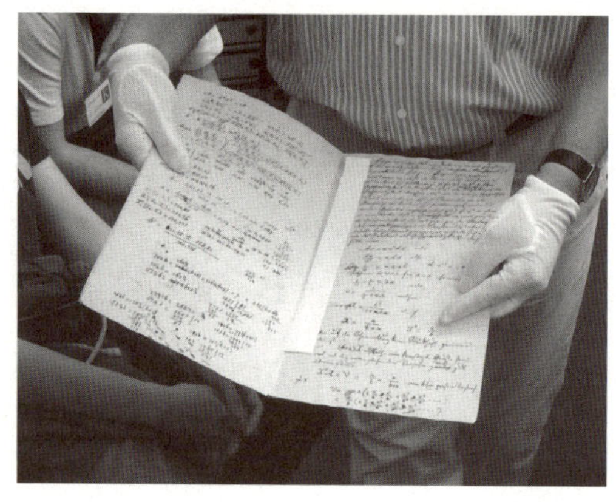

옴의 자필 노트(출처: Lukas Mezger/Wikimedia Commons)

푸이에의 법칙 _ 옴의 법칙의 다른 형태

정교수 　이번에는 옴의 법칙을 다르게 나타낼 거야. 다음 그림을 볼까?

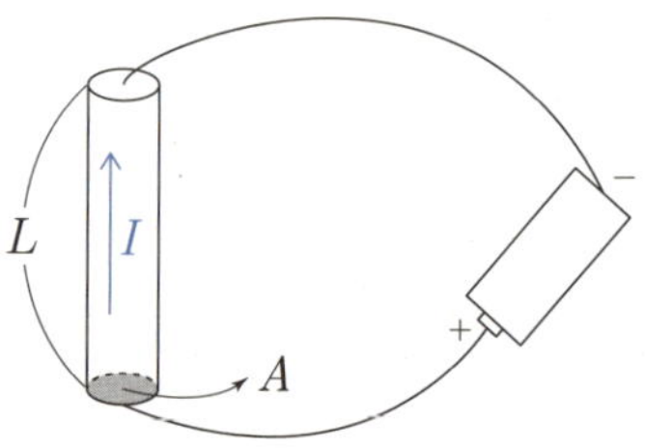

단면적이 A이고 길이가 L인 도선을 통해 전류 I가 흐르고 있다. 전지의 전압을 V라고 하면 옴의 법칙에 의해

세상에서 가장 쉬운 과학 수업 양자물질

$$V = IR$$

이다.

　한편 저항은 물체의 종류와 모양에 따라 다르다. 원통형 도선의 경우 저항은 도선의 길이에 비례하고 단면적에 반비례한다. 그러므로

$$R = \rho \frac{L}{A}$$

이 된다. 여기서 비례상수 ρ는 비저항이라고 부르는데 물질에 따라 다르다.

물리군　이 법칙도 옴이 발견했나요?

정교수　아니. 이건 프랑스 소르본 대학 물리학 교수인 푸이에가 발견했어.

푸이에(Claude Servais Mathias Pouillet, 1790~1868)

이제 단위면적당 흐르는 전류를 전류밀도라고 하자. 전류밀도를 J로 쓰면

$$J = \frac{I}{A}$$

이다. 한편 전압 V에 의해 도선에 걸리는 전기장의 세기를 E라고 하면

$$V = EL$$

이다. 이에 관해서는 이 시리즈의 《특수상대성이론》을 참고하라. 위 식으로부터

$$IR = EL$$

이 되어,

$$J = \frac{1}{\rho}E \qquad (3\text{-}2\text{-}1)$$

라고 할 수 있다. 이때 $\frac{1}{\rho}$을 σ로 쓰고, 전기전도도라고 부른다. 식 (3-2-1)을 전기전도도로 쓰면

$$J = \sigma E$$

가 된다.

전기장은 벡터이므로 전기장 벡터를 $\vec{E}$라고 하면 전류밀도 벡터

세상에서 가장 쉬운 과학 수업 양자물질

$$\vec{J} 는$$

$$\vec{J} = \sigma \vec{E}$$

로 나타낼 수 있다. 이것이 옴의 법칙의 다른 형태이다.

드루데 이론 _금속 안 전자의 운동을 다루다

정교수 초전도를 이해하려면 먼저 전도가 무엇인지 알아야겠지? 전도는 물체 속에 전류가 흐르는 현상을 말해. 이때 전류가 얼마나 잘 흐르는지를 나타내는 양이 전기전도도야.

물리군 금속은 전류가 잘 흐르니까 전기전도도가 크겠네요.

정교수 맞아. 전류는 전자가 빠르게 움직일수록 커지니까 금속 속에서 전자가 빠르게 움직이면 전기전도도가 커지지. 이 문제를 가지고 금속 속 전자의 운동을 처음으로 다룬 과학자가 바로 독일의 드루데야. 그에 대해 자세히 살펴볼게.

드루데는 1863년 독일 브라운슈바이크에서 태어났다. 그는 괴팅겐 대학에서 수학을 공부하다가 나중에 물리

드루데(Paul Karl Ludwig Drude, 1863~1906)

학으로 전공을 바꾸었고, 1887년에 박사 학위를 받았다. 1894년 드루데는 라이프치히 대학의 교수가 되었고, 1901년에는 기센 대학의 물리학 교수가 되었다. 1905년에는 베를린 대학의 물리학 연구소 소장이 되었다.

1900년 드루데는 전자모형을 발표했다. 그는 전자가 주기적으로 배열된 금속이온과 충돌하면서 속도가 변하는 사실에 주목했다.

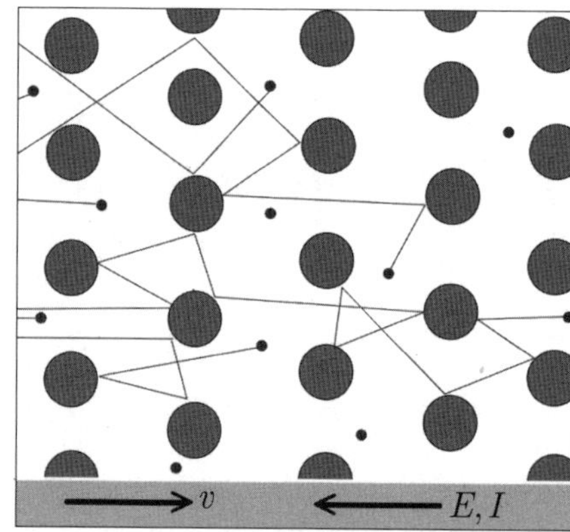

드루데의 전자모형(출처: Rafaelgarcia/ Wikimedia Commons)

이제 드루데의 논문 내용을 살펴보자. 드루데의 모형에서 전자의 충돌 과정을 정확하게 묘사할 수는 없다. 그러므로 평균적으로 시간 τ 동안 1번 충돌한다고 하자.

시각 t일 때 전자의 평균 운동량을 $\vec{p}(t)$라고 하자. 이때 시간이 $\varDelta t$ 만큼 흐르면 전자가 충돌해 평균 운동량이 0이 될 확률은

세상에서 가장 쉬운 과학 수업 양자물질

$$\frac{\Delta t}{\tau}$$

이고, 충돌하지 않을 확률은

$$1 - \frac{\Delta t}{\tau}$$

이다. 충돌하지 않는 경우는 충격력 $\vec{F}$가 작용하므로 Δt 동안 운동량의 변화량은

$$\vec{F}\Delta t$$

가 된다. 이제 시각 $t + \Delta t$일 때의 평균 운동량을 $\vec{p}(t + \Delta t)$라고 하면 다음과 같다.

$$\vec{p}(t + \Delta t) = \left(\frac{\Delta t}{\tau}\right) \times 0 + \left(1 - \frac{\Delta t}{\tau}\right)\left(\vec{p}(t) + \vec{F}\Delta t\right)$$

Δt가 아주 작은 경우를 고려하면

$$\frac{\vec{p}(t + \Delta t) - \vec{p}(t)}{\Delta t} = \vec{F} - \frac{\vec{p}(t)}{\tau}$$

이다.[2]

이때 $\Delta t \rightarrow 0$인 극한을 취하면

---

2) 여기서 $(\Delta t)^2$항은 무시했다.

$$\frac{d\vec{p}(t)}{dt} = \vec{F} - \frac{\vec{p}(t)}{\tau} \qquad\qquad (3\text{-}3\text{-}1)$$

가 된다. 전자의 전하량의 크기를 e라고 할 때, 외부에서 금속에 전기장 $\vec{E}$를 걸어준 경우 전자가 받는 힘은

$$\vec{F} = -e\vec{E}$$

가 되고 운동량은

$$\vec{p} = m\vec{v}$$

이다. 여기서 $\vec{v}$는 전자의 평균속도이다. 이때

$$m\frac{d\vec{v}(t)}{dt} = -e\vec{E} - m\frac{\vec{v}(t)}{\tau} \qquad\qquad (3\text{-}3\text{-}2)$$

가 된다. 시간이 충분히 흐르면 전자의 평균속도가 일정한 값에 도달하므로 위 식의 좌변은 0에 가까워진다. 따라서

$$\vec{v} = -\frac{e\tau}{m}\vec{E}$$

가 된다. 전자의 평균속력을 v라고 하면

$$v = \frac{e\tau}{m}E \qquad\qquad (3\text{-}3\text{-}3)$$

로 쓸 수 있다. 도선을 원통형으로 하고 도선의 길이를 L, 단면적을 A

세상에서 가장 쉬운 과학 수업 양자물질

라고 하자. 전자가 길이 L만큼 이동하는 데 걸린 시간을 t라고 하면

$$L = vt \tag{3-3-4}$$

이다. 이 도선 속에 전자가 N개 있다고 하면 전류는

$$I = \frac{Ne}{t} \tag{3-3-5}$$

이므로 전류밀도는

$$J = \frac{Ne}{tA} \tag{3-3-6}$$

가 된다. 식 (3-3-4)를 식 (3-3-6)에 넣으면

$$J = \frac{vNe}{LA} \tag{3-3-7}$$

이고, 식 (3-3-3)을 식 (3-3-7)에 넣으면

$$J = \frac{Ne^2 \tau}{ALm} E$$

가 된다. 여기서 AL은 원통의 부피이므로 단위부피당 전자의 개수를 전자밀도 n으로 정의하면

$$n = \frac{N}{AL}$$

이라고 할 수 있다. 따라서 전류밀도와 전기장 사이의 관계는 다음과

같다.

$$J = \frac{ne^2\tau}{m}E$$

즉, 전기전도도는

$$\sigma = \frac{ne^2\tau}{m}$$

이다.

초전도 현상의 발견 _전류가 저항을 받지 않고 흐른다

1911년 4월 8일, 오너스는 액체헬륨에 의해 −269℃(4.2K)로 냉각된 금속 수은의 저항이 0이 되는 것을 알아냈다. 저항이 0이라는 건이 물질을 통해 전류가 저항을 받지 않고 흐르는 걸 의미한다. 다시말해 이 물질의 전도성은 상상할 수도 없이 커진다. 이러한 성질을 초전도성이라 하고, 이런 물질을 초전도체라고 부른다. 즉, 오너스는 최초로 초전도체를 발견한 것이다.

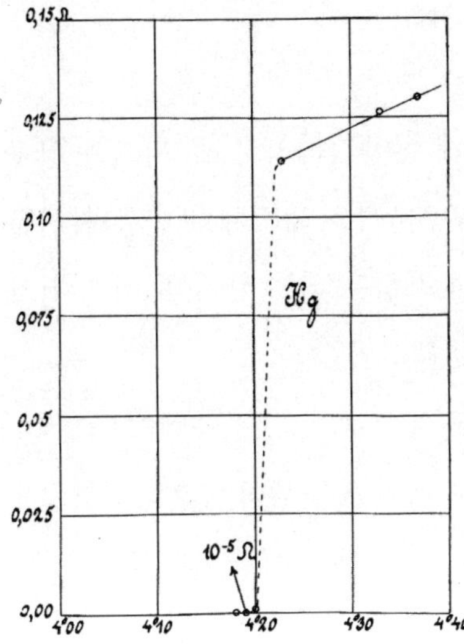

초전도성에 대한 최초의 측정

　오너스는 액체헬륨과 초전도체의 발견으로 1913년 노벨 물리학상을 받았다. 당시 그의 나이는 60세였다. 26년간 극저온과 씨름한 데 대한 보답이었다.

　오너스 이후에 다른 온도에서 초전도성을 띠는 금속이나 금속간화합물이 발견되었다. 1913년 납이 7K에서 초전도성을 띠는 것이 발견되었고, 1941년에는 질화나이오븀이 16K에서 초전도성을 띠는 것이 알려졌다. 1986년 나이오븀과 저마늄의 화합물은 당시까지 알려진 가장 높은 전이온도인 23K를 기록했다.

초전도 자석 _ 자기장이 어마어마하게 커지다

정교수　이번에는 초전도 자석에 대해 이야기하려고 해. 자석은 영구 자석과 전자석으로 나눌 수 있어. 영구자석은 자성체로 만든 자석을 말하고, 전자석은 전류를 흘려보내면 자성을 띠는 장치야. 이때 전자석의 자기장 세기는 흐르는 전류에 비례하지.

물리군　전자석을 처음 발명한 사람은 누구죠?

정교수　최초의 전자석은 영국의 스터전이 발명했어. 잠깐 그에 대해 살펴볼까?

　영국 휘팅턴에서 태어난 스터전은 원래 구두 만드는 일을 배웠다. 그러다 1802년에 군에 입대해 독학으로 수학과 물리학을 공부했다.

스터전(William Sturgeon, 1783~1850)

세상에서 가장 쉬운 과학 수업 양자물질

1824년 스터전은 애디스컴에 있는 군사 학교에서 과학과 철학을 가르쳤다. 그리고 같은 해 전자석을 발명했다.

애디스컴 군사 학교

스터전이 처음 만든 전자석은 말굽 모양의 철심을 자기코어로 이용한 것이었다. 그는 자기코어에 굵은 구리 전선을 18번 감아 전자석을 만들었다. 당시에는 오늘날과 같은 절연체가 없었기 때문에 구리 도선에 니스를 발라 절연체로 사용하였다. 스터전의 전자석은 약 200그램을 들어 올릴 수 있었으며, 전지를 연결하여 전류를 높이자 약 4킬로그램의 물체도 들어 올렸다.

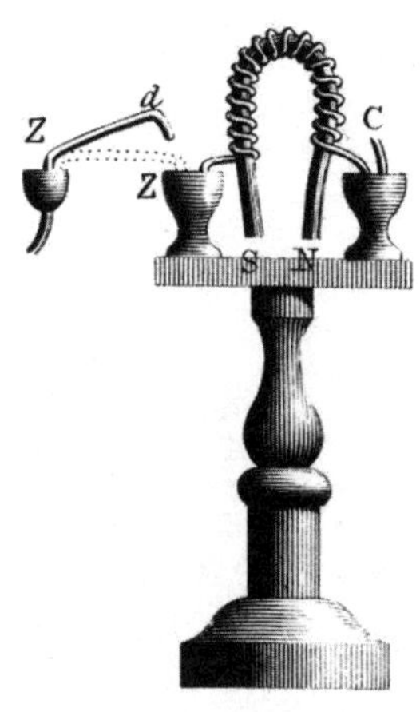

1824년 스터전의 전자석

　1827년이 되자 미국 과학자 조지프 헨리(Joseph Henry)가 훗날 대중적으로 널리 알려진 전자석을 선보였다. 그가 만든 전자석은 비단을 여러 겹 감아 절연한 구리 선을 자기코어에 수천 번 감아 만든 것으로, 강한 전류를 사용하여 2063파운드를 들어 올렸다.

헨리의 전자석

세상에서 가장 쉬운 과학 수업 양자물질

1914년 철의 운반에 사용한 공업용 전자석

물리군　초전도 자석은 초전도체를 이용한 자석인가요?

정교수　맞아. 전자석에서 권선은 저항이 커서 전류를 아주 세게 만들 수는 없어. 하지만 권선을 초전도 물질로 만들면 저항이 0에 가까워져 전류를 어마어마하게 크게 흐르게 할 수 있지.

물리군　그러면 자기장도 어마어마하게 커지겠네요.

정교수　그래. 그게 바로 초전도 자석이야.

1911년 초전도성을 발견한 직후, 오너스는 초전도 권선으로 전자석을 만들려고 했다. 하지만 자기장의 세기가 너무 낮아 실패로 돌아갔다. 1954년 미국 일리노이 대학의 에인테마(G. B. Yntema)와 1959년 MIT의 오틀러(Stanley Autler)는 냉각 가공된 나이오븀으로 초전도 코일을 만들어 1테슬라[3]에 가까운 자기장을 생성하는 데 성공했다.

나이오븀 결정
(출처: Artem Topchiy/
Wikimedia Commons)

금속공학자인 미국의 쿤츨러(John Eugene Kunzler)와 동료들은 나이오븀과 주석의 화합물로 8.8테슬라의 자기장이 발생하는 초전도 자석을 만들었다. 이후 나이오븀–주석은 최대 20테슬라의 자기장을 생성하는 초전도 자석의 재료가 되었다.

초전도 자석의 강한 자기장은 입자가속기와 자기공명영상(MRI) 스캐너에 쓰인다.

---

3) 1테슬라 = 10000가우스

 세상에서 가장 쉬운 과학 수업 양자물질

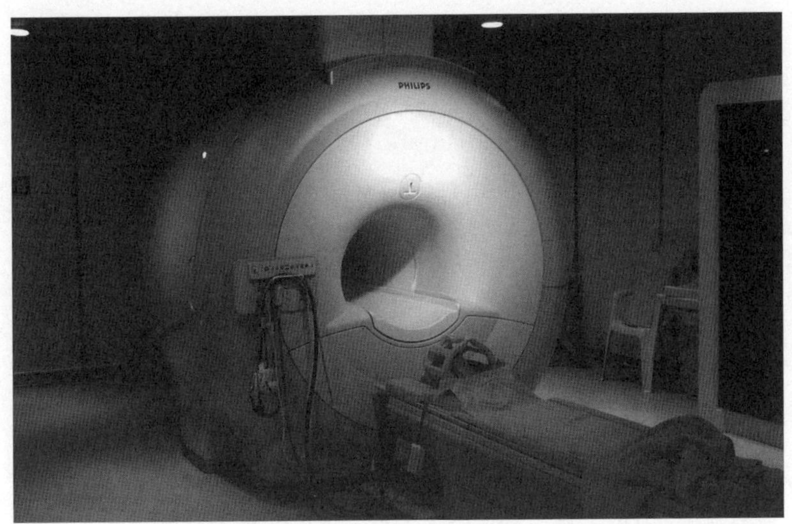

초전도 자석을 사용하는 자기공명영상(MRI) 스캐너. 자석은 도넛 모양의 하우징 내부에 있으며 중앙 구멍 안쪽에 3테슬라 필드를 만들 수 있다.(출처: KasugaHuang)

CERN에 있는 세계 최대의 초전도 자석(출처: Maximilien Brice, CERN/Wikimedia Commons)

반자성의 발견 _ 개구리가 공중 부양을?

정교수 　반자성(diamagnetism)은 자기장에 대한 물질의 반발력을 말해. 이번에는 반자성의 역사를 살펴볼게. 반자성을 띠는 물질을 반자성체라고 불러.

물리군 　반자성체는 자석에 달라붙지 않겠군요.

정교수 　그래. 반대로 자석이 반자성체를 밀쳐내지. 반자성체를 최초로 발견한 사람은 네덜란드의 물리학자 브뤼흐만스야. 그는 비스무트가 자석에 의해 팅겨 나가는 것을 처음으로 관찰했지. 대표적인 반자성체로는 물, 수은, 에탄올, 비스무트, 구리, 금, 은 등이 있어.

브뤼흐만스(Anton Brugmans, 1732~1789)

　반자성체에는 자석이 밀쳐내는 힘을 작용한다. 따라서 자석 위에 반자성체를 올려놓으면 중력과 반자성에 의한 힘이 평형을 이루어 반자성체가 자석 위에 떠 있게 된다. 이를 자기부상이라고 한다. 실험실

세상에서 가장 쉬운 과학 수업 양자물질

에서 흔하게 사용하는 대표적인 반자성체로 열분해 흑연 시트가 있다.

자석 위에 떠 있는 열분해 흑연 시트

러시아 태생 네덜란드-영국 국적의 물리학자 안드레 가임(Andre Konstantin Geim)은 2000년에 초전도 전자석을 이용한 개구리 공중부양으로 이그노벨상을 받았다. 물은 반자성 특성이 있는데, 이런 반자성체는 자석에 대해 척력이 작용한다. 개구리를 비롯한 대부분의 동물은 몸속에 물을 다수 포함하고 있다. 그래서 개구리는 강한 자기장 속에서 공중에 떠 있을 수 있다.

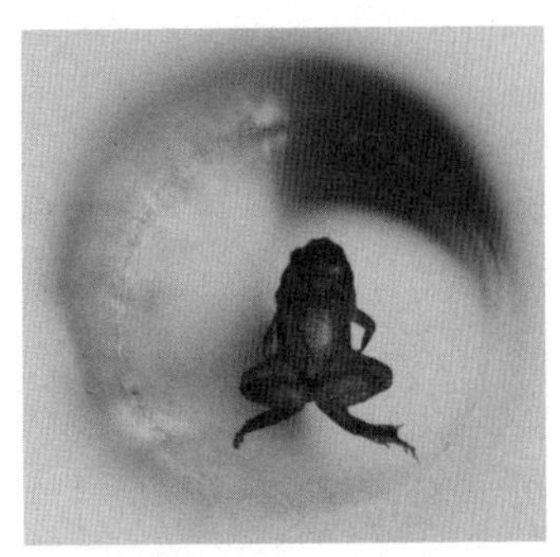

16테슬라의 초전도 전자석 코일 속에 떠 있는 개구리(출처: Lijnis Nelemans/ Wikimedia Commons)

정교수 이제 마이스너와 그의 이름을 딴 마이스너 효과를 알아볼게.

마이스너(Walther Meissner, 1882~1974)

마이스너는 1882년 독일 베를린에서 태어났다. 그는 1901년부터 1904년까지 샤를로텐부르크 공과대학에서 기계공학을 공부하고, 베를린의 프리드리히 빌헬름 대학에서 수학과 물리학을 공부했다. 막스 플랑크의 몇 안 되는 박사 과정생이었던 그는 1907년 방사선 압력 이론을 주제로 박사 학위를 받았다.

1908년 마이스너는 국립 계측 기관인 연방 물리기술 연구소(PTB)에 입사해 온도 측정 분야의 테스트를 담당했다. 그는 1913년에 전기 연구 실험실로 옮겨 저온물리학을 연구했다. 1922년부터 1925년까지는 헬륨 액화 공장을 건설했다.

마이스너는 극저온을 이용해 초전도 실험을 하던 중 1933년에 초전도 물질 내부에서 자기장이 0이 되는 것을 알아냈다. 이를 마이스너 효과라고 부른다. 초전도가 일어나는 임계온도를 T_C라고 하면 이온도 이상에서는 초전도가 일어나지 않으므로 물체 내부의 자기장(B)이 0이 아니다. 하지만 이 온도 이하에서 물체가 초전도성을 가지면 내부의 자기장이 0이 된다.

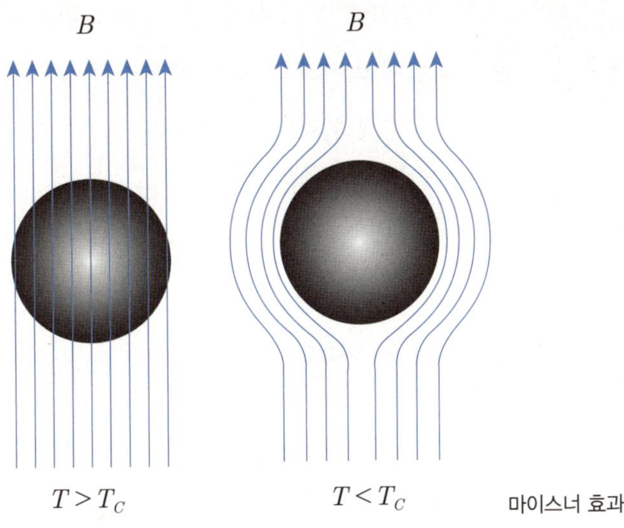

마이스너 효과

마이스너 효과에 의하면 초전도 물질은 내부에 외부 자기장을 완벽히 상쇄하는 자기장이 발생하므로 완전 반자성을 띤다. 따라서 자석 위에 초전도 물질이 떠 있게 된다. 즉, 초전도 물질 내부에서는 전기저항도 자기장도 0이다.

초전도체 위에 떠 있는 자석
(출처: Peter nussbaumer/Wikimedia Commons)

　　1934년 마이스너는 뮌헨 공과대학의 교수가 되어, 1936년부터 1938년까지 저온 실험실을 설립하고 새로운 헬륨 액화기를 설치했다. 1982년 마이스너의 100번째 생일을 맞아 이 연구소는 그를 기리기 위해 발터 마이스너 연구소로 이름을 변경했다.

초전도 이론의 등장 _세 사람의 연구로부터

물리군　초전도 현상은 왜 일어나는지 알고 싶어요.

정교수　초전도 이론은 세 과학자 바딘, 쿠퍼, 슈리퍼의 공동 연구로 발표되었어. 그래서 이들의 성의 머리글자를 따서 BCS 이론이라고 불러. 세 사람 중 바딘은 반도체에 이어 초전도 이론으로 두 번째 노벨 물리학상을 타지. 바딘에 대해서는 이 시리즈의 《반도체 혁명》에 자세히 나와 있으니 여기서는 나머지 둘을 소개할 거야. 먼저 쿠퍼를 알아볼게.

　　　　　　　　　세상에서 가장 쉬운 과학 수업 양자물질

쿠퍼(Leon Neil Cooper, 1930~2024,
1972년 노벨 물리학상 수상)

　쿠퍼는 1930년 미국 뉴욕 브롱크스에서 태어났다. 그의 아버지는
벨라루스 출신으로 1917년 러시아 혁명 이후 미국으로 이주했다. 쿠
퍼는 뉴욕 브롱크스 과학 고등학교에 다녔고, 1947년에 졸업했다. 그
후 맨해튼에 있는 컬럼비아 대학에서 공부하여 1951년에 학사 학위
를 받았다. 1954년에는 뮤온 연구로 박사 학위를 취득했다.

컬럼비아 대학(출처: Getty Hall/Wikimedia Commons)

　쿠퍼는 프린스턴 고등연구소에서 박사 후 연구원으로 1년을 보냈

다. 그 후 일리노이 대학 어배너-샘페인 캠퍼스와 오하이오 주립대학에서 강의하다가 1958년에 브라운 대학 교수가 되었다. 그는 동료 찰스 엘바움(Charles Elbaum)과 함께 1975년 인공 신경망의 상업적 응용 프로그램을 모색하는 기술 회사 Nestor를 설립했다. 그리고 1994년 인텔과 제휴하여 Ni1000 신경망 컴퓨터 칩을 개발했다.

Ni10000이 탑재된 보드
(출처: Pedant01/Wikimedia Commons)

이번에는 슈리퍼에 대해 알아보자.

슈리퍼(John Robert Schrieffer, 1931~2019, 1972년 노벨 물리학상 수상, 사진 출처: Dutch National Archives)

　　　　세상에서 가장 쉬운 과학 수업 양자물질

　슈리퍼는 미국 일리노이주 오크파크에서 태어났다. 그의 가족은 1947년 플로리다주 유스티스로 이사했다. 플로리다 시절에 슈리퍼는 집에서 손수 만든 로켓과 무선 라디오를 가지고 노는 것을 즐겼다.

　1949년 유스티스 고등학교를 졸업한 슈리퍼는 매사추세츠 공과대학(MIT)에 입학했다. 2년 동안 전기공학을 전공하다 3학년 때 물리학으로 전공을 바꿨다. 그는 1953년에 MIT를 졸업하고 일리노이 대학 어배너-샘페인 캠퍼스에서 대학원 과정을 밟았다. 이때 바딘 교수의 연구 조교로 일했다. 슈리퍼는 대학원 3년차 때 바딘, 쿠퍼와 함께 초전도 이론을 만들었다.

일리노이 대학 어배너-샘페인 캠퍼스(출처: Daniel Schwen/Wikimedia Commons)

　초전도 이론으로 박사 학위 논문을 마친 슈리퍼는 1957년부터 1958년까지 영국 버밍엄 대학과 코펜하겐의 닐스 보어 연구소에서 초전도성 연구를 계속했다. 그는 시카고 대학에서 조교수로 1년을 보내고 1959년에 일리노이 대학으로 돌아와 교수가 되었다. 1962년 그는 필라델피아에 있는 펜실베이니아 대학의 교수진에 합류했다.

1964년에는 BCS 이론을 다룬 저서인 《초전도 이론》을 출판했다.

물리군   BCS 이론을 자세히 설명해 주세요.

정교수   초전도 현상이 일어나려면 저항이 0에 가까워야 해. 그러니까 초전도 물질 속으로 들어간 전자가 물질 속의 원자와 충돌을 거의 하지 않아야 하지. 그런데 전자는 페르미온이기 때문에 물질 속에서 하나의 상태에 스핀이 반대인 두 개의 입자만 채울 수 있어. 이 원리를 파울리의 배타원리라고 불러. 이런 식으로 전자를 채우면 물질 속의 전자들이 차지하는 상태가 늘어나고, 그러면 물질 속으로 들어간 전자와의 충돌이 많아져 저항이 커지지.

물리군   물질 속의 전자들이 하나의 상태에 모두 들어가야 되는군요.

정교수   전자는 페르미온이기 때문에 불가능해. 쿠퍼는 전자 두 개가 쌍을 이루어 하나의 보존처럼 행동하는 걸 가정했어. 그러면 파울리의 배타원리를 깨고 하나의 상태에 모든 전자쌍이 들어가 저항을 없앨 수 있다고 생각했지. 이렇게 보존처럼 행동하는 전자쌍을 쿠퍼쌍이라고 불러.

쿠퍼는 온도가 임계온도보다 낮아져서 초전도 물질이 되면 물질 속의 전자 두 개가 쿠퍼쌍을 이루어 보존처럼 행동한다는 아이디어를 냈다.

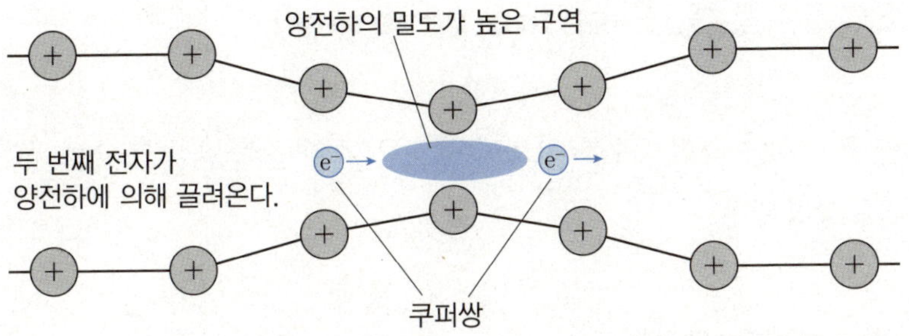

고체 안에서 원자는 규칙적인 격자 구조로 배열되어 있다. 이때 오른쪽 전자가 왼쪽 전자 위치에서 현재 위치까지 이동하는 과정에서 먼저 이 격자 구조 사이를 지나간다고 하자. 그러면 격자를 이루는 원자핵은 전자로부터 인력을 받고, 전자 쪽으로 끌려간다.

그림에서는 비슷한 크기로 그려져 있지만, 실제로 전자는 원자핵에 비하면 비교할 수 없이 작고 수천 배 이상 가볍다. 때문에 원자핵은 전자보다 훨씬 느리게 움직인다. 원자핵이 움직였을 때는 이미 전자는 옆으로 이동한 상태다. 결국 국소적으로 양전하의 밀도가 높아지는 구역이 생긴다. 이에 지나간 전자의 뒤에 있는 전자(왼쪽 전자)가 이 구역으로 끌려오고, 두 전자는 서로 일정한 거리를 유지하며 비로소 쿠퍼쌍을 이룬다.

물리군 임계온도는 초전도가 일어나는 온도군요.

정교수 맞아. 쿠퍼쌍이 형성되는 온도가 바로 초전도가 일어나는 온도지.

조지프슨 소자 _초전도체 사이에 절연체를 끼우면?

정교수 그럼 초전도체를 이용해 새로운 소자를 발명한 조지프슨에 대해 알아볼게.

조지프슨(Brian David Josephson, 1940~,
1973년 노벨 물리학상 수상,
사진 출처: Brian Josephson/Wikimedia Commons)

조지프슨은 1940년 영국 카디프에서 태어났다. 그는 카디프 고등학교에 다녔고, 물리 교사인 엠리스 존스의 수업을 통해 물리학에 관심을 가지게 됐다. 1957년 조지프슨은 케임브리지의 트리니티 칼리지에 입학해 처음에는 수학을 공부했다. 그러다 2년 만에 물리학으로 전공을 바꾸었다. 그는 케임브리지에서 총명하지만 수줍음이 많은 학생으로 알려졌다.

1960년에 대학을 졸업한 조지프슨은 옛 캐번디시 연구소 부지에 있는 몬드 연구소의 박사 과정생이 되어 브라이언 피파드(Brian Pippard)의 지도를 받았다.

   세상에서 가장 쉬운 과학 수업 양자물질

몬드 연구소(출처: Magnus Manske/Wikimedia Commons)

　　조지프슨은 1962년에 훗날 노벨 물리학상의 수상 이유가 되는 위대한 논문을 발표했다.

물리군　22세 때네요.

정교수　맞아. 조지프슨은 두 개의 초전도체 사이에 얇은 절연체를 끼워 넣고 양단에 전압을 걸어보았어. 초전도체가 아니라면 절연체를 통해 전류가 흐르지 않아. 하지만 두 개의 초전도체 사이에 절연체를 끼우면 전류가 흐르는 걸 알게 되었지. 이것을 조지프슨 효과라 하고, 이런 식으로 접합한 장치를 조지프슨 접합이라고 불러. 조지프슨은 이 전류가 양자 터널링을 통해 발생한 것임을 알아냈지. 이 발견으로 그는 11년 후인 33세 때 노벨 물리학상을 수상했다네.

1963년 1월, 앤더슨(Philip W. Anderson)과 그의 벨 연구소 동료인 존 로웰(John Rowell)은 조지프슨 효과의 실험적 관찰을 주장하는 논문을 발표했다.

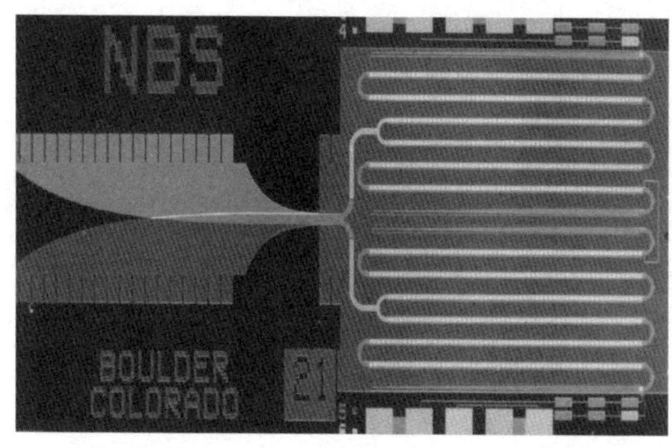

미국 국립표준기술연구소 (NIST)에서 개발한 조지프슨 접합 어레이 칩

조지프슨 접합은 초전도 양자 간섭 소자(SQUID)에서도 사용된다. SQUID는 양자 간섭을 가지고 아주 작은 자기장을 측정하는 장치다. 1964년 포드 연구소의 로버트 자클레비치, 존 램, 제임스 머서로, 아널드 실버가 발명했다.

   세상에서 가장 쉬운 과학 수업 양자물질

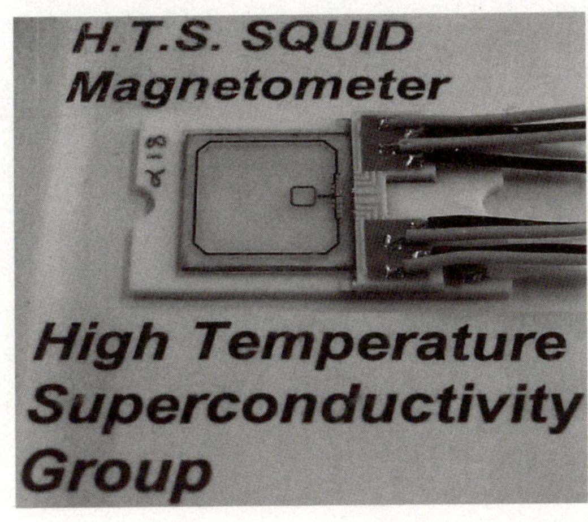

초전도 양자 간섭 소자
(출처: Zureks/Wikimedia Commons)

화합물 초전도체의 발견 _ 금속이 아닌 화합물에서

정교수　과학자들은 금속이 극저온에서 초전도 현상을 일으킨다고 생각했어. 1986년까지 물리학자들은 BCS 이론에 의해 약 30K 이상의 온도에서 초전도성이 나타나지 않는다고 믿었지. 하지만 금속이 아닌 화합물이 초전도 현상을 일으키는 것을 두 명의 과학자가 처음 발견해 사람들을 놀라게 했다네. 이제 이 두 과학자가 누구인지 알아볼까? 먼저 베드노르츠에 대해 살펴볼게.

베드노르츠(Johannes Georg Bednorz, 1950~, 1987년 노벨 물리학상 수상, 사진 출처: D-PHYS/Heidi Hostettler)

베드노르츠는 독일 노르트라인베스트팔렌주 노이엔키르헨에서 태어났다. 어렸을 때 그의 부모는 그가 클래식 음악에 관심을 갖도록 노력했다. 하지만 그는 실험을 통해 실습 방식으로 배우는 화학을 좋아했다.

1968년 베드노르츠는 화학을 공부하기 위해 뮌스터 대학에 입학했다. 1972년 그의 스승 볼프강 호프만(Wolfgang Hoffmann)과 호르스트 뵘(Horst Böhm)은 그가 IBM 취리히 연구소에서 방문 학생으로 여름을 보낼 수 있도록 주선했다. 이곳에서의 경험은 그의 경력에 결정적인 영향을 미쳤다. 그는 이 연구소에서 훗날 노벨 물리학상을 공동 수상하는 알렉산더 뮐러(K. Alexander Müller)를 만났다. 뿐만 아니라 그는 IBM 취리히 연구소의 창의적이고 자유로운 연구 분위기를 맘에 들어 했다.

베드노르츠는 1973년에 IBM 취리히 연구소를 또 한 번 방문했다.

세상에서 가장 쉬운 과학 수업 양자물질

그리고 이듬해 취리히에서 6개월 동안 학위 과정의 실험을 수행했다. 여기에서 그는 페로브스카이트(칼슘-타이타늄-산소 화합물) 계열에 속하는 화합물 결정을 성장시키는 연구를 했다.

페로브스카이트에 관심이 많았던 알렉산더 뮐러는 베드노르츠에게 연구를 계속할 것을 권유했다. 1977년 뮌스터에서 석사 학위를 취득한 베드노르츠는 하이니 그라니허(Heini Gränicher)와 알렉산더 뮐러의 지도 아래 취리히 연방 공과대학(ETH)에서 박사 과정을 시작했다. 그는 1982년 박사 학위를 취득한 후 IBM 취리히 연구소에 입사했다.

페로브스카이트(출처: Rob Lavinsky, iRocks.com/CC-BY-SA-3.0)

두 번째로 소개할 과학자는 뮐러이다.

밀러(Karl Alexander Müller, 1927~2023,
1987년 노벨 물리학상 수상,
사진 출처: lbmzrl/Wikimedia Commons)

밀러는 1927년 스위스 바젤에서 태어났다. 그는 스위스 동부 시어스에 있는 복음주의 대학에서 1938년부터 1945년까지 공부하여 학사 학위를 취득했다. 그 후 밀러는 취리히 연방 공과대학(ETH)의 물리학 및 수학과에 입학하여 1957년 말에 박사 학위를 받았다. 그리고 취리히 대학의 강사로 일하다가 1963년에 IBM 취리히 연구소의 연구원이 되었다. 이곳에서 밀러는 주로 페로브스카이트 화합물을 연구했다.

물리군　베드노르츠와 밀러는 IBM 취리히 연구소에서 만났군요.
정교수　맞아. 1980년대 초, 밀러는 더 높은 온도에서 초전도성을 띠는 물질을 찾기 시작했어. 밀러는 베드노르츠를 IBM 취리히 연구소에 영입하여 다양한 산화물을 체계적으로 테스트하도록 했다네. 1986년에 밀러와 베드노르츠는 35K의 온도에서 란타넘 바륨 구리 산화물(LBCO)의 초전도성을 발견했지. 1987년 두 사람은 노벨 물리

세상에서 가장 쉬운 과학 수업 양자물질

학상을 공동으로 수상했어. 이는 노벨 물리학상 중 발견에서 수상까지 가장 짧은 기간 안에 이뤄진 거야.

1987년 폴 추(Paul Ching Wu Chu)가 이끄는 팀은 란타넘을 이트륨으로 치환한 이트륨 바륨 구리 산화물(YBCO)이 93K의 초전도 임계온도를 가지는 것을 발견했다. YBCO는 액체질소의 끓는점인 77K 이상에서 초전도 상태가 된 것으로 밝혀진 최초의 물질이었다. 이 발견은 액체헬륨을 대신하여 액체질소를 냉매로 사용할 수 있어 공학적으로 특히 중요했다. 액체질소는 저렴한 생산이 가능하기 때문이었다.

네 번째 만남

·

양자 자석

핵자기공명 _ MRI의 기본 원리

정교수　이번에는 핵자기공명 현상으로 노벨상을 받은 과학자 세 사람을 알아볼게. 첫 번째 소개할 과학자는 라비야.

라비(Isidor Isaac Rabi, 1898~1988,
1944년 노벨 물리학상 수상)

　라비는 1898년 리마누프에서 태어났다. 이 도시는 당시 오스트리아-헝가리 제국으로 알려졌으나 지금은 폴란드의 일부다. 라비의 가족은 이듬해 미국으로 이민을 가서 뉴욕에 정착했다.

　당시 다른 많은 이민자들과 마찬가지로 라비의 아버지도 얼음 배달과 공장 노동 등 다양한 일을 하며 생계를 꾸려나갔다. 정통 유대교 신자였던 그는 아들이 랍비가 되기를 바랐다. 하지만 라비는 코페르니쿠스의 《천체의 회전에 관하여》라는 책을 읽고 과학을 더 좋아하게 되었다.

　　　　　　　　　　　세상에서 가장 쉬운 과학 수업 양자물질

리마누프(출처: Kasia.macnar/
Wikimedia Commons)

라비는 뉴욕 브루클린에 있는 실업고등학교에 다녔다. 그는 우수한 학업 성적으로 장학금을 받고 졸업 후 코넬 대학에 진학했다. 그리고 1919년에 화학 학사 학위를 받았다. 1923년에는 컬럼비아 대학에 편입해 물리학으로 전공을 바꾸었다.

코넬 대학(출처: Alex Sergeev/Wikimedia Commons)

라비는 대학원 공부를 위해 유럽으로 갔다. 그곳에서 닐스 보어(Niels Bohr), 베르너 하이젠베르크(Werner Heisenberg), 오토 슈테른(Otto Stern)을 포함한 양자물리학의 많은 선구자를 만났다. 그는 독일에 있는 슈테른의 실험실에서 대부분의 시간을 보냈으며, 슈테른-게를라흐(Stern-Gerlach) 분자 빔 방법을 관찰하고 실험을 도왔다. 이 경험은 이후 라비의 연구 방향에 엄청난 영향을 미쳤다.

1929년 미국으로 돌아온 라비는 그해 가을부터 컬럼비아 대학에서 강의했다. 당시 유대인들은 학문적 지위를 얻기 어려웠다. 하지만 그는 하이젠베르크의 훌륭한 추천서 덕분에 대학에서 자리를 잡을 수 있었다.

1930년대 초, 라비는 분자 빔 연구를 시작했다. 초기 목표는 나트륨 핵의 회전이었다. 그는 슈테른이 독일에서 시행한 분자 빔 방법을 채택했다. 그의 장치는 원자를 편향시키기 위해 고정된 강한 자석과 방향을 바꿀 수 있는 세 개의 자석으로 이루어져 있었다. 이 장치를 이용해 많은 원자의 자기 특성을 점점 더 정확하게 측정했다. 그리고 1937년 핵자기공명 현상을 관측해 1938년에 논문으로 발표했다.

1940년 9월, 영국 기술 과학 사절단은 여러 가지 새로운 기술을 미국에 가져왔다. 이 중에는 전자의 흐름과 자기장의 상호작용으로 마이크로파를 생성하는 고출력 장치인 캐비티 마그네트론도 포함되어 있었다. 이 장치는 레이더에 혁명을 일으킬 것으로 예측되었다.

국방 연구 위원회는 레이더 기술을 개발하기 위해 매사추세츠 공과대학(MIT)에 새로운 실험실을 설립하기로 결정했다. 1940년 10

 세상에서 가장 쉬운 과학 수업 양자물질

월, MIT에서 열린 응용 핵물리학 회의에서는 이 실험실에서 일할 물리학자를 모집했다. 자원한 사람 중에는 라비도 있었다. 그의 임무는 마그네트론 연구였다.

캐비티 마그네트론(출처: Science Museum London/Wikimedia Commons)

라비를 포함한 연구팀은 1941년 1월 6일 마이크로파 레이더를 제작했다. 또한 잠수함을 탐지하는 공대지 레이더, 사격 통제를 위한 SCR-584 레이더, 장거리 무선항법 시스템인 LORAN 등을 개발했다.

두 번째로 만나볼 과학자는 퍼셀이다.

퍼셀(Edward Mills Purcell, 1912~1997, 1952년 노벨 물리학상 수상)

퍼셀은 1912년 미국 일리노이주 테일러빌에서 태어났다. 그의 어머니는 결혼 전에 교사로 일했고, 아버지는 여러 해 동안 교사였다가

전화 회사의 관리직으로 자리를 옮겼다. 아버지의 영향으로 퍼셀은 《벨 시스템 기술 저널》을 접하고 집에서 실험할 수 있었다.

퍼셀은 인디애나주 웨스트라피엣에 있는 퍼듀 대학에서 전기공학을 전공하고 1933년에 졸업했다. 그 후 1년 동안 독일의 카를스루에 공과대학에서 공부했다. 그리고 미국으로 돌아와 하버드 대학에서 물리학을 공부해 1935년에 석사 학위를, 1938년에 박사 학위를 받았다. 그는 하버드에서 3년 동안 학생들을 가르치다가 전쟁을 돕기 위해 중단했다. 매사추세츠 공과대학(MIT) 방사선 연구소에서 퍼셀은 제2차 세계대전 중 군사 레이더 기술을 개발하는 그룹의 책임자였다.

1940년대 중반에 퍼셀은 하버드 대학에서 강의하면서 핵자기공명에 대한 논문을 완성했다. 1950년대 초반 그의 연구는 물리학 이외의 분야에 핵자기공명을 적용했다. 그는 핵자기공명을 사용하여 우주의 전파 방출을 측정하는 전파 망원경을 제작해 성간 수소를 최초로 감지했다.

퍼셀은 말년에 생물물리학 분야에 주목할 만한 공헌을 했다. 1977년 그는 하워드 버그(Howard Berg)와 함께 편

1951년 하버드 대학 라이먼 물리학 연구소의 퍼셀과 이언(Harold I. Ewen)이 은하수에서 21cm 파장의 수소 가스 방사선을 처음으로 감지하는 데 사용한 혼 안테나(출처: Jarek Tuszyński/CC-BY-SA-3.0&GDFL)

모 박테리아의 움직임을 조사했다. 퍼셀은 박테리아 운동을 명확하게 설명했다. 버그가 발견한 바에 따르면, 나선형 편모가 코르크 마개처럼 회전하여 움직인다는 것이다. 1984년 두 사람은 이 연구로 미국 물리학회의 생물물리학상을 수상했다.

세 번째로 소개할 과학자는 블로흐다.

블로흐(Felix Bloch, 1905~1983, 1952년 노벨 물리학상 수상)

블로흐는 1905년 스위스 취리히에서 태어났다. 여덟 살 때 피아노 연주를 배운 그는 피아노의 '명료함과 아름다움'에 매료되었다. 블로흐는 12세에 초등학교를 졸업하고 1918년에 취리히의 칸톤 김나지움에 입학했다. 15세에는 취리히 연방 공과대학(ETH)에서 물리학을 공부했다.

1927년에 대학을 졸업한 블로흐는 라이프치히로 가서 하이젠베르크의 지도 아래 박사 학위를 받았다. 그의 박사 학위 논문은 주기적

격자 속 전자를 양자역학적으로 다루는 내용이었다.

그 후 블로흐는 유럽 여러 나라를 돌아다녔다. 취리히의 볼프강 파울리(Wolfgang Pauli)와 함께 초전도를 연구했고, 하이젠베르크와 강자성에 대해 공동 연구를 했다. 스핀 파동(spin waves) 개념을 제안하기도 했다.

1932년 블로흐는 라이프치히로 돌아와 강의를 맡았다. 이듬해 히틀러가 권력을 잡은 직후, 유대인이라는 이유로 독일을 떠난 그는 1934년에 미국 스탠퍼드 대학의 물리학과 교수가 되었다.

스탠퍼드 대학(출처: King of Hearts/Wikimedia Commons/CC-BY-SA-3.0)

1938년 가을, 블로흐는 캘리포니아 대학교 버클리에서 37인치 사이클로트론을 가지고 중성자의 자기모멘트를 오차 약 1%의 정확도

　세상에서 가장 쉬운 과학 수업 양자물질

로 측정했다. 1939년에 그는 미국 시민으로 귀화했다.

제2차 세계대전 동안, 블로흐는 로스앨러모스에서 원자폭탄 프로젝트에 잠깐 몸담았다. 그곳의 이론 연구에 관심이 없고 군사적 분위기가 싫었던 블로흐는 하버드 대학의 레이더 프로젝트에 참여하기 위해 실험실을 떠났다.

1945년 가을, 그는 스탠퍼드 대학으로 돌아와 고체, 액체 또는 기체의 핵에 대한 자기모멘트를 연구했다. 첫 번째 실험이 성공한 지 몇 주가 지나, 그는 하버드의 퍼셀이 자신과 동일한 발견을 한 것을 알았다. 그들이 발견한 건 MRI의 기본 원리인 핵자기공명 현상이었다.

정교수　핵자기공명은 1938년 라비에 의해 처음으로 설명되고 분자빔에서 측정되었어. 라비는 이 업적으로 1944년 노벨 물리학상을 받았지. 그 후 1946년 블로흐와 퍼셀이 독립적으로 액체 및 고체에 사용할 수 있는 핵자기공명 분광학을 발견했다네. 이 업적으로 두 사람은 1952년 노벨 물리학상을 공동 수상하지.

물리군　핵자기공명이 뭔지 잘 모르겠어요.

정교수　입자가 스핀을 가지면 자석처럼 행동해. 자석이 얼마나 센지를 나타내는 양이 자기모멘트야. 이는 자석을 이루는 물질에 따라 다르지. 전자는 스핀을 가지므로 자석처럼 행동하고, 마찬가지로 핵을 이루는 양성자와 중성자도 스핀을 가지므로 자석처럼 행동해. 이때 자석처럼 행동하는 핵의 자기모멘트를 핵자기모멘트라고 불러.

물리군　전자도 양성자도 중성자도 자석이군요.

정교수 그렇지. 하지만 양성자와 중성자는 전자가 가진 자성의 1000분의 1 정도로 작아. 이렇게 전자나 양성자, 중성자가 스핀을 통해 자석처럼 행동하는 것은 양자역학적으로 설명되기 때문에 양자 자석이라고 부르지.

양성자 자석과 중성자 자석으로 이루어진 원자핵에 외부에서 큰 자기장을 걸어주면, 양성자나 중성자의 스핀은 외부 자기장과 같은 방향으로 정렬하면서 낮은 에너지 상태가 돼. 여기서 어떤 특정한 주파수를 가진 라디오파를 걸어주면 양성자나 중성자의 스핀이 외부 자기장과 반대 방향으로 정렬하면서 높은 에너지 상태가 되지. 이것을 공명이라 하고, 이때 라디오파의 주파수를 공명주파수라고 불러. 다시 라디오파를 제거하면 양성자나 중성자의 스핀이 외부 자기장의 방향과 같아지면서 물질이 흡수했던 라디오파가 다시 방출되지. 이게 바로 핵자기공명 현상이야. 이러한 공명주파수는 원자핵에 따라 달라.

일반적으로 핵자기공명은 화합물의 구조와 화합물 내 원자들 간의 상호작용을 연구하는 데 활용돼. 핵자기공명으로 시료의 분자구조와 화학 성분을 분석하는 기기를 핵자기공명 분광기라고 해.

MRI의 발명 _ 핵자기공명을 이용해 사람의 몸속을 보다

정교수 이번에는 MRI 발명의 역사를 알아볼게.

물리군 병원에서 사용하는 MRI를 말하는 거죠?

 세상에서 가장 쉬운 과학 수업 양자물질

정교수   그래. MRI의 원리가 바로 핵자기공명이거든.

물리군   어떻게 사람 몸속을 보는지 잘 이해가 안 돼요.

정교수   MRI는 주로 수소 원자핵의 핵자기공명을 이용해. 인체 내부에는 수소 원자를 포함하는 많은 양의 물이 있기 때문이야. 강한 자기장으로 물속의 수소를 공명시켜서 인체 내부를 화면 밝기 정도로 나타낼 수 있어. 즉, 신호가 강할수록 하얗게, 신호가 약할수록 검게 나타나지. MRI는 종양 발견에 큰 역할을 해. 종양 세포는 정상 세포보다 많은 물을 포함해서 더 밝게 나타나기 때문에 그 존재를 확인할 수 있는 거야.

물리군   MRI는 물리학자가 발명한 셈이군요.

정교수   맞아. 하지만 기술적으로는 핵자기공명을 이해한 생리의학자들이 발명했어. 그 세 명의 과학자를 알아볼까? 첫 번째 과학자는 다마디안이야.

다마디안은 미국 뉴욕에서 태어났다. 그의 부모는 아르메니아 출신이었다. 다마디안은 1956년 위스콘신-매디슨 대학에서 수학 학사 학위를, 1960년 뉴욕의 알베르트 아인슈타인 의과대학에서 의학 박사 학위를 받았다. 그는 줄리아드 음악학교에서 8년 동안 바이올린을 공부했고, 주니어 데

다마디안(Raymond Vahan Damadian, 1936~2022, 출처: 노르웨이 대백과사전)

이비스컵 테니스 대회에 선수로 출전했다.

다마디안은 테니스 코치로 일하던 중 미래의 아내 도나 테리를 만났다. 두 사람은 도나가 의과대학을 졸업하고 1년 후에 결혼하여 세 자녀를 두었다. 다마디안은 열 살 때 자신과 매우 가까웠던 외할머니가 유방암으로 고통스럽게 돌아가시는 것을 보고, 처음으로 암 탐지에 관심을 갖게 되었다고 한다.

두 번째로 소개할 과학자는 라우터버이다.

라우터버(Paul Christian Lauterbur, 1929~2007,
2003년 노벨 생리의학상 수상)

라우터버는 룩셈부르크 혈통으로 미국 오하이오주 시드니에서 태어나고 자랐다. 그는 시드니 고등학교를 졸업했다. 10대 시절에는 집지하실에 자신의 실험실을 만들어 화학 실험을 했다.

1950년대에 라우터버는 미 육군에 징집되었다. 그의 상관은 그가 초기 핵자기공명(NMR) 기계를 연구하는 데 시간을 할애하는 걸 허락했다. 그는 제대할 때까지 4개의 과학 논문을 발표했다.

라우터버는 현재 오하이오주 클리블랜드의 케이스 웨스턴 리저브 대학에 속한 케이스 공과대학에서 화학 학사 학위를 받았다. 그리고 멜런 연구소 실험실에서 근무했다. 2년간 휴식을 취한 뒤에는 메릴랜드주 에지우드에 있는 육군 화학 센터에서 일했다.

멜런 연구소에서 근무하는 동안 라우터버는 피츠버그 대학에서 화학 대학원 과정을 밟았다. 1962년 박사 학위를 취득한 그는 이듬해 뉴욕 스토니브룩 대학의 교수가 되었다. 1985년에는 일리노이 대학으로 자리를 옮겼다.

세 번째 과학자는 맨스필드이다.

맨스필드(Peter Mansfield, 1933~2017, 2003년 노벨 생리의학상 수상, 사진 출처: HoMBRG/ Wikimedia Commons)

맨스필드는 1933년 영국 런던 램버스에서 태어났다. 제2차 세계대전 중 그는 런던에서 처음에는 세븐오크스로, 그다음 두 번은 데번의 토키로 대피했다. 다행히 이 기간 내내 그는 처음 맡겨진 같은 위탁 가족과 함께 지낼 수 있었다. 전쟁이 끝나고 런던으로 돌아왔을 때,

그는 교장으로부터 11+ 시험을 치르라는 지시를 받았다. 시험에 대해 들어본 적도, 준비할 시간도 없었던 맨스필드는 지역 문법학교에 입학하지 못했다. 그 후 그는 인쇄소 보조원으로 일했다.

로켓에 관심이 생긴 맨스필드는 18세에 버킹엄셔 웨스트콧에 있는 공급부의 로켓 추진 부서에 취직했다. 18개월이 지나 그는 군에 징집되었다. 2년 동안 군복무를 한 맨스필드는 웨스트콧으로 돌아와 야간학교에서 A-레벨 공부를 시작했다. 2년 뒤 그는 런던 대학의 퀸 메리 칼리지에서 입학 허가를 받고 물리학을 공부할 수 있었다.

맨스필드는 1959년 퀸메리 대학에서 학사 학위를 받았다. 그의 연구는 지구의 자기장을 측정하는 휴대용 트랜지스터 기반 분광계를 만드는 것이었다. 이 프로젝트가 끝나고 그는 핵자기공명 분광계를 연구했고, 1962년에 박사 학위를 받았다.

물리군 MRI는 어떻게 발명된 건가요?

정교수 그 이야기를 지금부터 들려줄게.

1882년 니콜라 테슬라(Nikola Tesla)는 회전자기장을 발견했다.

다음으로 중요한 발견은 1937년 라비, 1946년 블로흐와 퍼셀이 발견한 핵자기공명이다. 이들의 연구는 1970년대에 NMR 신호에서 이미지를 생성하는 방법을 발견한 2세대 과학자의 토대를 마련했다.

1970년대까지만 해도 MRI 기술은 화학 및 물리적 분석에만 사용되었다. 다마디안은 살아 있는 유기체에도 동일한 방법으로 질병을

  세상에서 가장 쉬운 과학 수업 양자물질

진단할 수 있을지 궁금했다. 1971년 그는 암 조직에는 건강한 조직보다 수분이 더 많이 함유되어 있어서, 인체 일부에 전파를 흘려보낸 뒤 그 부분의 수소 원자에서 방출되는 가스를 측정하는 스캐너로 암을 확인할 수 있다는 결론을 내렸다. 그런 다음 그는 Indomitable이라는 전신 스캐너를 만들기 시작했다.

비슷한 시기인 1973년 3월, 뉴욕 주립대학의 화학자 폴 라우터버는 《네이처(Nature)》에 최초의 MRI 이미지를 발표했다. 그는 자기장을 통해 물체의 2차원 이미지를 촬영할 수 있는 걸 처음으로 알아냈고, 이를 쌓아 3차원 영상을 만들었다.

한편 영국의 물리학자 피터 맨스필드는 몇 분 안에 스캔을 완료하는 방법을 연구했다. 그는 라인 스캔 이미징이라는 새로운 기술을 채택했다. 그리고 지도하던 대학원생 모즐리(Andrew Maudsley)의 손가락 이미지를 15분에서 23분 사이에 캡처했다. 이는 핵자기공명 기술로 인체 부위를 성공적으로 스캔한 최초의 사례이다.

MRI 발명에 대한 노벨상은 맨스필드와 라우터버에게 수여되었다. 다마디안은 자신이 수상자 명단에서 제외된 것을 개인적인 모욕으로 여겼다. 그는 몇몇 대형 신문에 전면 광고를 실어 노벨 위원회의 생각을 바꾸도록 촉구했지만 결국 수포로 돌아갔다.

다섯 번째 만남

•

양자 홀 효과

정교수　이제 홀 효과를 발견한 미국의 물리학자 홀에 대해 알아볼게.

홀(Edwin Herbert Hall, 1855~1938)

　홀은 미국 메인주 고햄에서 태어났다. 그는 메인주 브런즈윅에 있는 보우도인 칼리지에 입학해 1875년에 졸업했다. 그는 1875년부터 1876년까지 굴드 아카데미의 교장이었고, 1876년부터 1877년까지는 브런즈윅 고등학교의 교장이었다. 틈틈이 대학원 과정을 밟은 그는 1880년 존스홉킨스 대학에서 박사 학위를 받았다. 1895년 홀은 하버드 대학 물리학과 교수가 되었다.

　홀 효과는 1879년 홀이 박사 논문을 쓰고 있을 때 발견되었다. 홀은 유리판에 얇은 금박을 입히고 전류를 흘려보낸 후 유리판에 수직인 방향으로 자기장을 걸었다. 그 결과 예상하지 못한 일이 벌어졌다. 전류가 흐르는 방향과 수직인 방향에서 새로운 전압이 측정된 것이었다. 이것을 홀 전압이라고 한다.

　이제 홀 효과를 좀 더 자세히 살펴보자. 다음 그림처럼 금속판을 전지에 연결하자. 이때 변 DC는 전지의 양극과, 변 AB는 전지의 음극과 연결되어 있다. 그러므로 변 AB와 변 DC 사이에 전지의 전압이 걸린다. 이 전압에 의해 전류는 변 DC에서 변 AB로 흐른다. 금속판의 저항을 R, 전지의 전압을 V, 흐르는 전류를 I라고 하면 옴의 법칙에 의해

$$V = IR$$

이다.

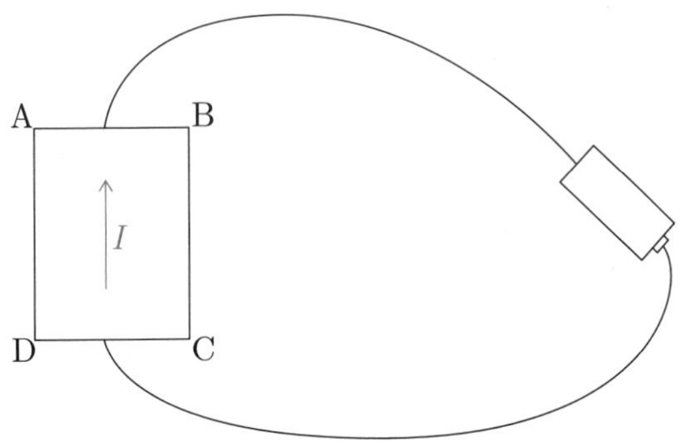

　홀은 이 금속판 ABCD에 수직 방향으로 자기장을 걸었다. 그러자 놀라운 일이 일어났다. 자기장을 걸기 전에는 변 AD와 변 BC 사이에

전압이 없었는데, 자기장을 걸자 두 변 사이에 전압이 발생한 것이었다. 이 전압을 홀 전압이라고 부른다. 이때 변 BC에서 변 AD로 향하는 방향으로 전기장이 형성된다.

변 DC에서 변 AB로 향하는 방향을 x방향, 그와 수직인 방향을 y방향이라고 하자. 그러면 변 BC에서 변 AD로 향하는 전기장 E_y는 변 DC에서 변 AB로 흐르는 전류밀도 J_x와 자기장의 크기 B에 비례한다. 여기서 비례상수를 R_H로 쓰고 이를 홀 계수라고 부른다. 즉, 다음과 같다.

$$E_y = R_H J_x B$$

또는

$$R_H = \frac{E_y}{J_x B}$$

변 DC의 길이를 w, 변 BC의 길이를 L이라고 하면 전류밀도는

$$J_x = \frac{I}{w}$$

이다. 그러므로 홀 계수는

$$R_H = \frac{w E_y}{IB}$$

가 된다.

1895년 로런츠(Hendrik Lorentz, 1853~1928, 1902년 노벨 물리학상 수상)는 홀 효과로 생긴 전기장의 세기 E_y가

$$E_y = vB$$

로 주어지는 것을 알아냈다. 여기서 v는 전류 I방향으로 움직이는 전자의 평균속력이다. 따라서

$$R_H = \frac{wv}{I}$$

이다.

금속판 속에 전자가 N개 있다고 하자. 전자 하나의 전하량의 크기를 e라고 하면 금속판 속의 총전하량은

$$Ne$$

가 된다. 전자가 길이 L을 움직이는 데 걸린 시간을 t라고 하면

$$v = \frac{L}{t}$$

이고

$$I = \frac{Ne}{t}$$

이므로

$$R_H = \frac{1}{ne}$$

이다. 이때 n을 전자밀도(또는 전자농도)라고 부르는데

$$n = \frac{N}{wL}$$

으로 정의한다.

홀 효과의 이용 _ 다양한 기계와 일상적인 장치에서

물리군　홀 효과는 어디에 쓰이나요?

정교수　홀 효과는 전자밀도나 자기장을 측정하는 데 유용해. 자기장을 측정하는 간단한 소자로는 홀 센서가 있어.

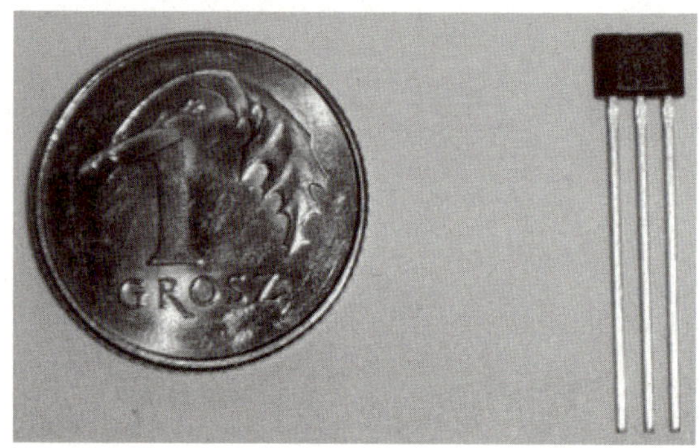

동전과 홀 센서 비교
(출처: Nettigo/Wikimedia Commons)

　세상에서 가장 쉬운 과학 수업 양자물질

홀 센서는 저렴하고 견고하며 신뢰할 수 있고 작고 사용하기 쉽다. 그래서 자동차 점화부터 컴퓨터 키보드, 공장 로봇, 운동용 자전거에 이르기까지 다양한 기계와 일상적인 장치에 쓰인다. 홀 센서는 홀 효과를 가지고 자기장을 감지한다. 매년 수억 개가 판매되며 우주선의 고효율 전기 추진 시스템을 포함한 많은 장치에 존재한다.

브러시리스 DC 모터[4]에서는 언제든지 모터의 위치를 정확하게 감지해야 한다. 센서를 배치하면 모터의 속도도 측정할 수 있다.

3.5인치 플로피디스크 드라이브의 브러시리스 DC 모터(출처: DnaX/Wikimedia Commons)

---

4) 하드디스크 및 플로피디스크 드라이브 등에 사용한다.

양자 홀 효과 _ 2차원 양자우물에 갇힌 전자

정교수 1950년대까지 과학자들은 3차원 금속 물질을 연구했어. 그런데 1959년 미국 벨 연구소의 아탈라와 강대원이 모스페트(MOSFET)[5]를 발명하면서 상황은 급변하지.

모스페트

모스페트는 이산화규소와 실리콘을 샌드위치처럼 쌓아서 만든다. 이 샌드위치 구조에 얇은 금속 조각을 덧씌우고 거기에 전지를 연결한다. 그러면 이산화규소와 실리콘의 경계면에서 전자들이 자유롭게 움직인다. 여기서 전자는 위아래로는 움직일 수 없고 수평면 위에서만 움직이며 2차원 운동을 한다. 이때부터 과학자들은 2차원에서 전자가스를 연구할 수 있게 되었다. 이렇게 전자가 두 샌드위치 조각 사이에 갇혀 있는 것을 전자가 2차원 양자우물에 갇혀 있다고 말한다.

---

5) 금속 산화물–반도체 전계 효과 트랜지스터

    세상에서 가장 쉬운 과학 수업 양자물질

 전자의 2차원 운동은 왜 중요한가요?

 전자의 2차원 운동이 양자 홀 효과를 만들어 내기 때문이야.
이제 양자 홀 효과로 노벨 물리학상을 수상한 클리칭의 이야기를 해
볼게.

클리칭(Klaus von Klitzing, 1943~,
1985년 노벨 물리학상 수상,
사진 출처: Pontifical Academy of Sciences/Wikimedia
Commons)

클리칭은 1962년 독일 크바켄브뤼크의 아르틀란트 김나지움을 졸
업했다. 그리고 브라운슈바이크 공과대학에서 물리학을 공부하여
1969년에 학위를 받았다. 그는 뷔르츠부르크 대학에서 1978년 〈강한
자기장에서 텔루륨의 갈바노 마그네틱 특성〉이라는 제목의 논문으
로 박사 학위를 취득했다.

뷔르츠부르크 대학(출처: Robert Emmerich/Wikimedia Commons)

클리칭은 옥스퍼드 대학의 클래런던 연구소와 프랑스 그르노블의 고자기장 연구소에서 근무했다. 1985년부터는 슈투트가르트에 있는 막스 플랑크 고체 연구소의 소장으로 재직하고 있다.

물리군 클리칭의 주요 연구는 뭐죠?

정교수 클리칭은 강한 자기장 속에서 전자의 운동을 연구했어.

물리군 강한 자기장이라면 어느 정도예요?

정교수 보통 자석의 100배 이상이야. 이런 자석은 전자석으로 만드는데, 이때 저항을 0으로 하기 위해 초전도 자석을 이용하지.

프랑스 그르노블의 고자기장 연구소에서 클리칭은 강한 자기장 속의 홀 전류를 측정할 수 있었다. 방법은 홀의 경우와 비슷했지만 홀과

세상에서 가장 쉬운 과학 수업 양자물질

는 비교되지 않을 정도로 강한 자기장을 박막보다 훨씬 얇은 양자우물에 작용했다는 차이가 있었다.

물리군 고전 홀 효과와 다른 현상이 발견되었나요?

정교수 물론이야. 클리칭은 자기장을 올려가면서 홀 계수를 측정했어. 실험 결과는 다음과 같았지.

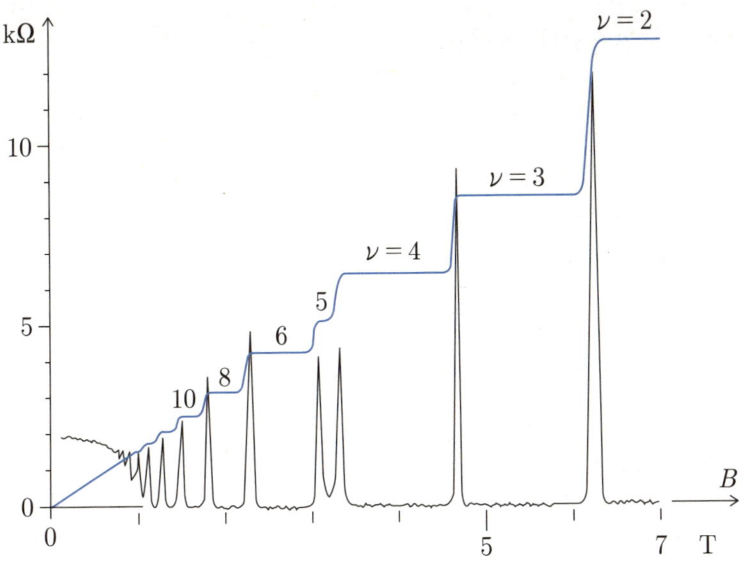

위 그림에서 세로축은 홀 계수를 나타내고 단위는 kΩ이다. 여기서

$$1k\Omega = 1000\Omega$$

이다. 한편 가로축은 자기장을 나타내며 단위는 테슬라(T)이다. 자기장이 작을 때는 홀 계수가 자기장에 비례하는 것처럼 보인다. 하지만 자기장을 점점 증가시키면 계단 모양의 평평한 부분이 나타난다. 이 부분에서는 자기장을 증가시켜도 홀 계수가 달라지지 않는다. 클리칭은 이 평평한 부분에 대응하는 홀 계수가

$$R_H = \frac{25812}{\nu}$$

라는 것을 알아냈다. 여기서

$$\nu = 1, 2, 3, 4, 5, \cdots$$

인 정수이다.

클리칭은 물리학에서의 기본상수들을 이용해 25812를 만들어 보려고 했다. 그 결과는 놀랍게도 이 수가 플랑크 상수를 전자의 전하량의 제곱으로 나눈 값과 같다는 것이었다.

$$\frac{h}{e^2} = 25812$$

따라서 평평한 부분에 대응하는 홀 계수는

$$R_H = \left(\frac{h}{e^2}\right)\frac{1}{\nu} \qquad (\nu = 1, 2, 3, 4, 5, \cdots)$$

이 되어, 이러한 평평한 부분은 무한히 많이 생긴다. 이것은 고전 홀

세상에서 가장 쉬운 과학 수업 양자물질

효과로 설명할 수 없는 양자 현상으로 양자 홀 효과라고 한다. 그리고 $\frac{h}{e^2}$ = 25812를 클리칭 상수라고 부른다. 양자 홀 효과의 발견으로 클리칭은 1985년 노벨 물리학상을 수상했다.

분수 양자 홀 효과 _특정한 분수인 경우에도

정교수　이번에는 분수 양자 홀 효과의 발견으로 노벨상을 받은 세 명의 과학자를 알아볼게.

첫 번째로 소개할 과학자는 슈퇴르머다.

슈퇴르머(Horst Ludwig Störmer, 1949~,
1998년 노벨 물리학상 수상,
사진 출처: Mark Pellegrini/Wikimedia Commons)

슈퇴르머는 독일 프랑크푸르트암마인에서 태어나 인근 마을인 슈프렌들링겐에서 자랐다. 1967년 그는 노이이젠부르크 괴테슐레를 졸

업하고 다름슈타트 공과대학 건축공학과에 입학했다. 이후 프랑크푸
르트 괴테 대학으로 옮겨 수학을 공부하다가 물리학으로 전공을 바꿨
다. 그는 베르너 마르티엔센 연구소에서 학위를 받았다. 여기서 에크
하르트 회니히(Eckhardt Hoenig)의 지도를 받았고, 미래의 또 다른
노벨상 수상자인 게르트 비니히(Gerd Binnig)와 함께 일했다.

다름슈타트 궁전

슈퇴르머는 프랑스 그르노블로 이주하여 프랑스 CNRS와 독일 막
스 플랑크 고체 연구소가 공동으로 운영하는 고자기장 실험실에서
일했다. 그는 1977년 슈투트가르트 대학에서 박사 학위를 받았다. 그
다음 미국으로 건너가 벨 연구소에서 20년 일한 뒤 컬럼비아 대학 물
리학과 교수가 되었다.

세상에서 가장 쉬운 과학 수업 양자물질

두 번째로 만나볼 과학자는 중국계 미국인 추이이다.

추이는 1939년 중국 허난성 바오펑시 판좡에서 태어났다. 1951년 그는 홍콩으로 가서 주룽반도에 있는 푸이칭 중학교에 다녔다. 1958년에는 전액 장학금을 받고 미국 오거스타나 대학에 입학했다.

추이(Daniel Chee Tsui, 崔琦, 1939 ~, 1998년 노벨 물리학상 수상. 사진 출처: Academia Sinica)

오거스타나 대학

추이는 1961년 대학 졸업 후 시카고 대학에서 물리학을 계속 공부했으며, 1967년에 물리학 박사 학위를 받았다. 이후 시카고에서 1년 동안 박사 후 연구원으로 지내다가 1968년 벨 연구소에 합류하여 고체물리학 연구를 수행했다. 벨 연구소에서 그는 광학 및 고에너지 대역 구조와 같은 반도체 물리학과 2차원 전자물리학을 연구했다.

세 번째로 알아볼 과학자는 로플린이다.

로플린(Robert Betts Laughlin, 1950~,
1998년 노벨 물리학상 수상,
사진 출처: Markus Pössel/Wikimedia Commons)

로플린은 1950년 미국 캘리포니아주 비살리아에서 태어났다. 어린 시절 그는 극도로 내성적인 성격의 소유자였다. 그는 부모님과 함께 TV를 조립해 만들었는데, 이 과정에서 전자공학에 관심을 가지게 되었다.

1968년 로플린은 버클리 대학 전기공학과에 입학했다. 그는 2학년 때 전공을 수학과 물리학으로 바꾸고 수학 전공으로 졸업했다. 1974년 가을에는 MIT 대학 대학원 과정에 입학해 1979년에 박사 학위를 받았다. 그 후 스탠퍼드 대학 물리학과 교수를 지냈고, 2004년부터 2006년까지 한국과학기술원(KAIST)의 총장으로 일했다.

　　　　　　　　세상에서 가장 쉬운 과학 수업 양자물질

한국과학기술원(출처: revi/Wikimedia Commons)

물리군 분수 양자 홀 효과가 뭐예요?

정교수 간단해. 클리칭이 발견한 양자 홀 효과를 정수 양자 홀 효과라고 불러. ν가 정수이기 때문이지. 1982년 추이와 슈퇴르머, 아서 고서드(A. C. Gossard, 1935~2022)는 ν가 특정한 분수인 경우에도 양자 홀 효과가 나타나는 것을 알아냈어. 이를 분수 양자 홀 효과라고 한다네. 분수 양자 홀 효과 이론에 대해서는 로플린이 1983년에 논문으로 발표했지.

물리군 그 특정한 분수란 어떤 건가요?

정교수 다음과 같은 분수들이야.

$$\nu = \frac{1}{3}, \frac{2}{5}, \frac{3}{7}, \frac{2}{3}, \frac{3}{5}, \frac{1}{5}, \frac{2}{9}, \frac{3}{13}, \frac{5}{2}, \frac{12}{5}, \cdots$$

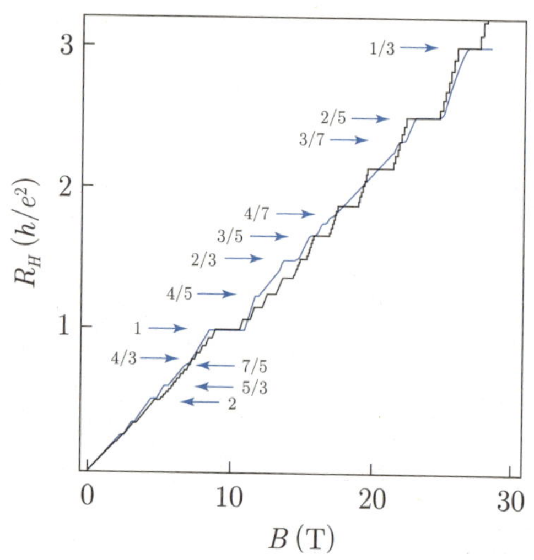

란다우 _ 수학 신동의 파란만장한 생애와 업적

정교수 이번에는 2차원에서 자기장의 영향을 받는 전자의 운동을 연구한 란다우에 대해 살펴볼게.

란다우는 1908년 러시아제국의 바쿠[6]에서 태어났다. 그의 아버지는 지역 석유 공장의 기술자였고, 어머니는 의사였다. 란다우는 수학 신동으

란다우(Lev Davidovich Landau, 1908
~1968, 1962년 노벨 물리학상 수상)

---

6) 현재 아제르바이잔의 수도

세상에서 가장 쉬운 과학 수업 양자물질

로 12세 때 미분적분학을 독학으로 이해했다. 1922년 그는 14세의 나이로 바쿠 국립대학에 입학하여 물리학을 공부했다.

1910년 란다우 가족

1914년의 란다우

　　1924년 란다우는 당시 소련 물리학의 중심지인 레닌그라드 주립
대학의 물리학과로 옮겨 이론물리학을 연구했다. 1927년 졸업 후에
는 레닌그라드 물리기술연구소에서 대학원 과정을 밟았다. 그는 또
한 독일어, 프랑스어 및 영어에 능통했다.

레닌그라드 물리기술연구소(출처: Miha Ulanov/Wikimedia Commons)

　　1930년 란다우는 코펜하겐에 있는 닐스 보어의 이론물리학 연구
소에서 일했다. 그 후 케임브리지 대학에서 디랙과, 취리히에서 파울
리와 공동 연구를 했다. 그리고 1931년에 레닌그라드로 돌아왔다.

　　1932년부터 1937년까지 란다우는 하르키우 물리기술연구소 국립
과학센터의 이론물리학과 학과장을 맡았다. 그는 하르키우 대학과
하르키우 폴리테크닉 연구소에서 강의했다.

　　　　　　　　세상에서 가장 쉬운 과학 수업 양자물질

1934년 하르키우 연구소에서 란다우(앞줄 세 번째)

1937년부터 1962년까지 란다우는 물리 문제 연구소의 이론 분과 책임자로 지냈다. 1938년 4월 27일, 란다우는 스탈린주의를 독일 나치즘, 이탈리아 파시즘과 비교하는 전단을 배포한 혐의로 체포되었다. 그는 루뱐카 감옥에 수감되었고, 카피차와 보어가 스탈린에게 편지를 쓴 후 1939년 4월 29일에야 석방되었다.

석방된 란다우는 소련의 원자폭탄과 수소폭탄 개발을 지원하는 수학자 팀을 이끌었다. 그는 소련 최초 열핵폭탄의 동역학을 계산했고, 이 공로로

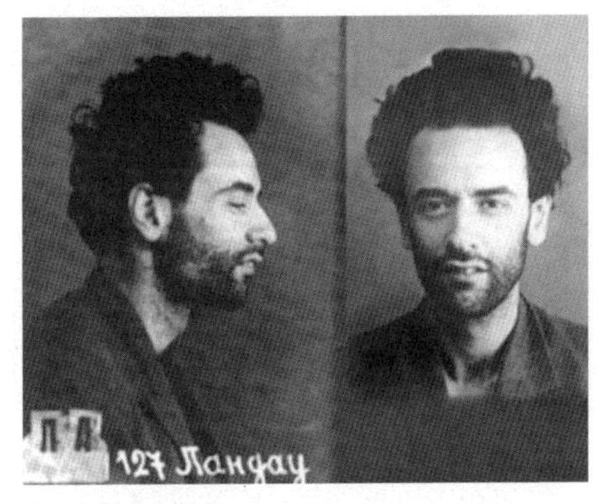

감옥에서 란다우

1949년과 1953년에 스탈린상을 받았다. 1954년에는 '사회주의 노동 영웅'이라는 칭호를 받았다.

란다우는 이론물리학에서 엄청나게 많은 업적을 냈다. 그는 양자역학에서 밀도 행렬 방법을 폰 노이만과 함께 찾아냈다. 또한 반자성 이론, 초유체 이론, 2차 위상 전이 이론, 초전도 이론, 페르미 액체 이론, 중성미자의 2성분 이론 등 다양한 연구 결과를 발표했다.

물리군　반자성 이론은 뭔가요?

정교수　우리는 보통 자석에 끌리는 물체만 자성을 가진다고 생각해. 하지만 그 반대인 물체도 있어. 자석을 살짝 밀어내는 물질, 바로 그것이 반자성(diamagnetism)을 가진 물질이지. 금, 은, 구리처럼 자석에 붙지 않는 대부분의 물질이 사실은 아주 약한 반자성체야. 이 현상을 가장 깊이 이해한 사람은 20세기 최고의 이론물리학자 란다우라네.

란다우는 전자가 자기장 속에 들어가면 단순히 직선으로 움직이지 않는 사실에 주목했다. 그는 양자역학의 눈으로 전자의 운동을 분석했고, 자기장이 전자의 원운동을 유도한다는 사실을 밝혀냈다. 이 운동은 마치 전자가 자기장이라는 무형의 줄에 묶여 빙글빙글 도는 것과 같다. 이런 궤도를 따라 움직이는 전자는 자기장과 반대 방향의 자기모멘트를 만든다. 그 결과 전자는 자기장을 아주 약하게 밀어낸다. 이것이 반자성의 기본 원리다.

양자역학에 따르면 전자의 에너지는 불연속적이다. 이 불연속적인 에너지들을 란다우 준위(Landau Level)라고 부른다. 자기장이 강해질수록 에너지 간격은 넓어진다. 따라서 전자들이 가질 수 있는 에너지 상태는 더 제한되며, 전체 전자의 상태 분포가 바뀐다. 이 변화가 물질 전체의 자기화에 영향을 미치고, 결과적으로 자기장을 반대하는 자기모멘트가 생겨난다. 란다우는 이 이론을 통해 물질이 자석을 싫어하는 성질도 양자역학으로 설명할 수 있다는 것을 증명했다.

란다우의 반자성 이론은 초등 수준에서 설명되던 고전적인 반자성 개념을 양자역학적 관점에서 정밀하게 재정립한 첫 번째 이론이다. 이 이론은 양자 홀 효과나 위상물질 연구 등에 응용되었다.

여섯 번째 만남

·

그래핀

정교수　그래핀 이야기를 하려면 먼저 탄소로만 이루어진 물질들에 대해 알아야 해. 이들 중에서 가장 흔한 물질은 흑연이야. 영어로는 graphite라고 하지.

　최초로 흑연이 쓰인 기록은 기원전 4세기로 알려져 있다. 당시 남동부 유럽의 신석기 시대 마리차 문화는 도자기를 장식하기 위해 도자기 페인트에 흑연을 사용했다.

　16세기 초 영국 보로데일에서 엄청난 양의 흑연 매장지가 발견되었다. 엘리자베스 1세의 통치 기간(1558~1603) 동안 보로데일의 흑연은 대포알의 주형을 정렬하는 내화물로 사용되었다. 군사적 중요성 때문에 왕실은 보로데일 광산을 엄격하게 통제했다.

　이후 흑연은 광택제, 윤활제, 페인트, 도가니, 주조 외장재 및 연필에 쓰였다. 흑연이 들어간 연필은 보로데일 인근 도시인 케직에서 처음 만들어졌다.

1850년대 연필 제작 모습

케직에 있는 연필 박물관
(출처: Stinglehammer/Wikimedia Commons)

  1845년 조지프 딕슨(Joseph Dixon)과 파트너 오레스테스 클리블랜드(Orestes Cleveland)는 미국 뉴저지주 저지시티에 딕슨 도가니 회사를 세워 연필, 도가니 및 기타 제품을 생산했다.

흑연으로 만든 도가니

흑연의 층상 구조 _ 육각형 벌집 모양

정교수　이제 흑연의 구조를 알아낸 과학자들의 이야기를 해볼게. 1859년 영국의 브로디(Benjamin Brodie, 1817~1880)는 염소산칼륨과 발연질산의 혼합물로 흑연을 처리하여 산화흑연을 처음 만들었어.

　흑연의 정확한 구조는 1924년 버널(John Desmond Bernal, 1901~1971)에 의해 처음 발견되었다.

　버널은 아일랜드의 네나에서 태어났다. 그는 13세에 영국 베드퍼드 스쿨에 입학했고, 1919년 케임브리지의 엠마누엘 칼리지에 들어갔다.

엠마누엘 칼리지

　버널은 1922년에 수학과 과학 전공으로 학사 학위를 받은 뒤 1년 동안 자연과학을 공부했다. 그는 졸업 후 런던의 데이비–패러데이 연구소에서 브래그(William Henry Bragg)의 지도로 연구를 시작했다. 1924년에 버널은 X선 회절을 이용해 흑연의 층상 구조를 처음 알아냈다.

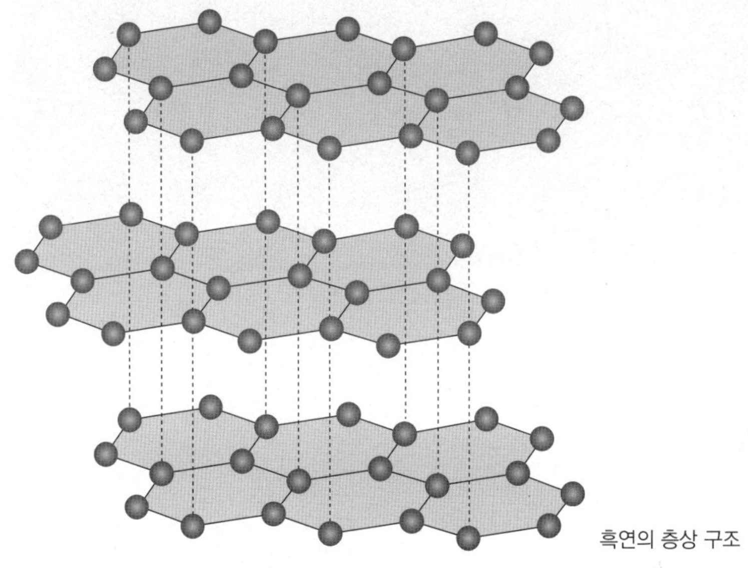

흑연의 층상 구조

버널이 발견한 흑연은 각 층이 육각형 벌집 모양을 한 층상 구조였다. 이 하나의 층을 그래핀이라고 부른다. 그러므로 흑연은 그래핀이 여러 층 쌓여 있는 구조이다.

그래핀의 구조(출처: AlexanderAIUS/Wikimedia Commons)

버널은 1927년 케임브리지 대학의 구조 결정학 첫 강사로 임명되었다. 1934년에는 캐번디시 연구소의 부소장이 되었다. 그곳에서 그는 1929년 콜레스테롤을 포함한 에스트린과 스테롤 화합물을 시작으로 자신의 결정학 기술을 유기 분자에 적용했다. 더불어 비타민 B1, 펩신, 비타민 D2, 스테롤 및 담배 모자이크 바이러스의 구조를 연구했다. 1937년 버널은 런던 대학 버크벡 칼리지의 물리학 교수가 되었고, 제2차 세계대전 후 생체분자 연구소를 설립했다.

물리군　다이아몬드도 탄소로만 이루어져 있죠?

정교수　맞아. 1772년 프랑스 과학자 라부아지에(Antoine Lavoisier)

　　　세상에서 가장 쉬운 과학 수업 양자물질

는 렌즈로 태양 광선을 집중시켜 다이아몬드를 태우는 실험을 했지. 이로써 다이아몬드가 흑연처럼 탄소 원자로만 이루어진 것을 알아 냈어.

라부아지에의 실험

천연 다이아몬드(출처: Rob Lavinsky,
iRocks.com/CC-BY-SA-3.0)

물리군　흑연과 다이아몬드는 똑같이 탄소 원자로만 이루어져 있는 데 왜 다른 물질처럼 보이나요?

정교수　탄소 원자들의 결정구조가 달라서 그래. 다이아몬드는 다이아몬드 입방체라는 결정구조로 된 탄소 원소의 고체 형태야. 이 구조는 다이아몬드를 아주 단단하게 만들지.

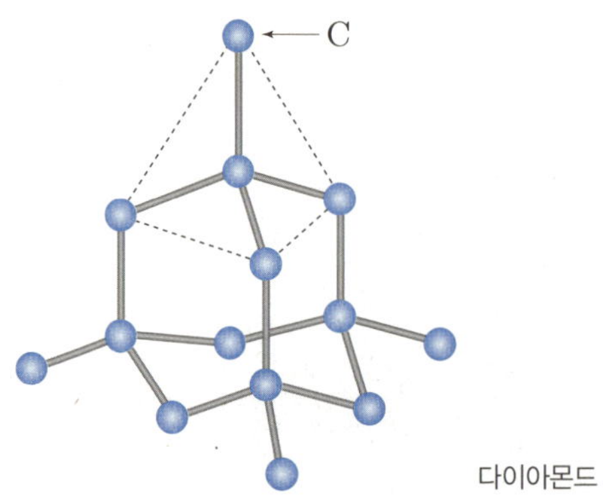

다이아몬드

그래핀의 발견 _ 접착테이프를 이용해

정교수　그럼 그래핀을 어떻게 발견했는지 알아볼까?

　몇 개의 그래핀 층으로 구성된 얇은 흑연 샘플의 투과전자현미경 이미지는 1948년 뤼스(G. Ruess)와 포크트(F. Vogt)에 의해 발표되었다. 1962년에 뵘(Hanns-Peter Boehm)은 매우 얇은 흑연 플레이크[7]에 대한 연구 내용을 발표했다. 이 플레이크의 두께는 탄소 원

---

7)　얇은 조각

자 세 개 정도에 해당하는 0.4나노미터(nm)였다. 즉, 흑연의 3층 구조였다. 1986년 뵘과 동료들은 가상의 단층 구조에 '그래핀'이라는 이름을 붙였다. 2002년 러더퍼드(Robert B. Rutherford)와 더드먼(Richard L. Dudman)은 기판에 부착된 흑연 플레이크에서 층을 반복적으로 벗겨내어 0.00025밀리미터의 흑연 두께를 달성했다.

이제 누가 흑연의 단일층인 그래핀을 만들어 내는가에 과학자들의 관심이 쏠렸다. 이 경쟁에서 승리한 사람은 가임과 노보셀로프이다. 먼저 가임에 대해 살펴보자.

가임(Andre Geim, 1958~, 2010년 노벨 물리학상 수상. 사진 출처: Bengt Oberger/Wikimedia Commons)

가임은 1958년 러시아 소치에서 태어났다. 그의 부모는 모두 독일 출신의 엔지니어였다. 1965년 가임의 가족은 날치크로 이사해 가임은 그곳에서 고등학교를 다녔다. 졸업 후에는 모스크바 물리기술대학(MIPT)에 들어갔다.

모스크바 물리기술대학(출처: Lesless/Wikimedia Commons)

가임은 1982년 MIPT에서 석사 학위를 받았고, 1987년 체르노골롭카에 있는 러시아 과학 아카데미(RAS)의 고체물리학 연구소(ISSP)에서 박사 학위를 받았다. 박사 학위를 딴 가임은 마이크로 전자 기술 연구소(IMT)의 연구원이 되었다. 1990년부터는 노팅엄 대학, 배스 대학, 코펜하겐 대학에서 박사 후 연구원으로 일했다.

1994년 가임은 네이메헌의 라드바우트 대학 부교수로 임명되었다. 거기서 메조스코픽 초전도성을 연구하면서 네덜란드 시민권을 취득했다. 그의 박사 과정생 중 한 명이 바로 노보셀로프로, 훗날 그의 주요 연구 파트너가 되었다.

라드바우트 대학(출처: FakirNL/Wikimedia Commons)

가임은 2001년 맨체스터 대학의 물리학 교수가 되었다. 같은 해에 노보셀로프가 네이메헌에서 맨체스터로 옮겼으며, 2004년에 가임의 지도로 박사 학위를 받았다.

노보셀로프(Konstantin Novoselov, 1974~, 2010년 노벨 물리학상 수상, 사진 출처: Zp2010/Wikimedia Commons)

물리군 두 사람은 어떻게 그래핀을 만들어 냈나요?

정교수 2007년 그들은 접착테이프를 이용해 흑연 덩어리에서 분말 흑연을 얻었다네. 그리고 현미경으로 들여다보면서 흑연 한 층이 만들어질 때까지 이 작업을 계속하는 방식으로 그래핀을 만들었어. 둘은 이 업적으로 노벨 물리학상을 공동 수상했지.

흑연 덩어리, 그래핀 트랜지스터, 접착테이프. 2010년 안드레 가임과 콘스탄틴 노보셀로프가 스톡홀름의 노벨 박물관에 기증했다.

물리군 그래핀에는 어떤 성질이 있어요?

정교수 그래핀은 많은 흥미로운 특성을 가지고 있어.

                              세상에서 가장 쉬운 과학 수업 양자물질

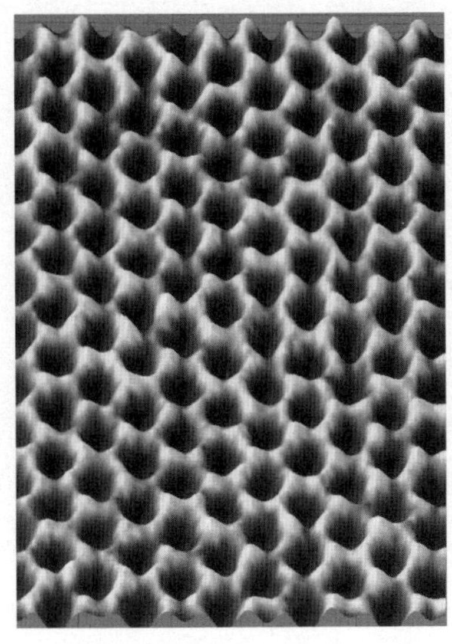

그래핀의 전자현미경 이미지(출처: U.S. Army Materiel Command/Wikimedia Commons)

그래핀의 두께는 0.2나노미터로 놀랄 만큼 얇다. 구리보다는 100배 이상 전기가 잘 통한다. 강도도 다이아몬드의 2배 이상으로, 휘거나 비틀어도 부서지지 않는다. 신축성이 좋아서 늘리거나 접어도 전기전도성이 유지된다.

그래핀은 차세대 반도체와 디스플레이 등 산업 분야에서 무궁무진한 가능성을 지닌다. 지금까지 디스플레이를 만드는 데 쓰이는 실리콘 등은 늘리거나 구부릴 때 전기전도성이 사라지지만, 그래핀은 아무리 구부려도 전기전도성을 잃지 않는다.

풀러렌 _축구공 모양의 탄소 배열

정교수　이번에는 탄소로 축구공 모양을 만들어 노벨상을 받은 과학자들을 이야기하려고 해. 먼저 크로토를 소개할게.

크로토(Harold Walter Kroto, 1939~2016, 1996년 노벨 화학상 수상, 사진 출처: Pd1000 at English Wikipedia)

크로토는 영국 잉글랜드 위즈비치에서 태어났다. 그의 아버지는 폴란드 출신 유대인이고 어머니는 독일 베를린 출신이었다. 그의 부모는 모두 베를린에서 태어났으며 1930년대 나치 독일로부터 영국으로 도망쳤다.

어린 시절 볼튼에서 자란 크로토는 메카노 세트에 매료되었다. 메카노 세트는 1901년 영국 리버풀의 사무원이었던 프랭크 혼비(Frank Hornby)가 기계공학 원리를 기반으로 발명한 장난감이다. 구멍이 뚫린 금속 스트립, 플레이트 및 거더, 휠, 풀리, 기어, 메커니즘과 모션을 위한 샤프트 칼라 및 차축, 조각을 연결하는 너트와 볼

　세상에서 가장 쉬운 과학 수업 양자물질

트 및 고정 나사로 구성된 모델 키트이다. 모델을 조립하는 데 필요한 유일한 도구는 드라이버와 스패너(렌치)이다. 메카노 세트는 단순한 장난감 그 이상으로 기본적인 기계 원리를 가르치는 교육 도구라고 할 수 있다.

초기 메카노 세트(출처: Kim Traynor/Wikimedia Commons)

1970년대 메카노 2 세트의 부품(출처: Lady alys/Wikimedia Commons)

크로토는 중고등학교 때 화학, 물리학, 수학을 좋아했다. 그는 방학 때마다 아버지의 풍선 공장 일을 도왔다. 볼튼 스쿨에서 교육받은 크로토는 1958년 셰필드 대학에 진학하여 화학 학사 학위(1961년)와 분자 분광학 박사 학위(1964년)를 취득했다. 셰필드에 있는 동안 그는 대학생 잡지인 《Arrows》의 에디터였다. 또한 대학팀 테니스 선수로 대학 테니스 대회 결승에 두 번이나 진출했다.

박사 학위를 취득한 후 크로토는 캐나다 오타와에 있는 국립연구소의 분자 분광학 그룹에서 2년 동안 박사 후 연구원으로 지냈다. 이듬해에는 뉴저지의 벨 연구소에서 액상 상호작용에 대한 라만 분광학을 비롯한 양자화학을 연구했다.

1967년 크로토는 영국의 서식스 대학에서 강의와 연구를 시작했다. 1985년 그는 이 대학의 교수가 되었다.

서식스 대학(출처: Ak689/Wikimedia Commons)

 세상에서 가장 쉬운 과학 수업 양자물질

다음으로 만나볼 과학자는 스몰리이다.

스몰리(Richard Errett Smalley, 1943~2005, 1996년 노벨 화학상 수상, 사진 출처: RonnieV/ Wikimedia Commons)

스몰리는 미국 오하이오주 애크런에서 태어났고 미주리주 캔자스 시티에서 자랐다. 그의 아버지는 기계 및 전기 장비 다루는 일을 했다. 스몰리의 외숙모는 와이오밍 대학의 화학과 교수 사라 제인 로즈(Sara Jane Rhoads)였다. 그는 조카 스몰리가 화학에 관심을 가지는 데 일조했고, 자신의 유기화학 실험실에서 일하게 해주었다.

스몰리는 호프 칼리지에서 2년 동안 수학한 다음 미시간 대학으로 편입했다. 1965년에 이학사 학위를 받은 그는 라울 코펠만(Raoul Kopelman)의 실험실에서 학부 연구를 수행했다. 1973년에는 프린스턴 대학에서 엘리엇 번스틴(Elliot R. Bernstein)의 지도하에 박사 학위를 받았다. 그 후 1976년 라이스 대학의 교수가 되었다.

라이스 대학

세 번째로 소개할 과학자는 미국의 컬이다.

컬(Robert Floyd Curl Jr., 1933~2022, 1996년 노벨
화학상 수상, 사진 출처: Douglas A. Lockard/Science
History Institute)

컬은 미국 텍사스주 앨리스에서 태어났다. 그의 아버지는 감리교
목사였다. 아버지의 선교 사업으로 그의 가족은 텍사스 남부와 남서

 세상에서 가장 쉬운 과학 수업 양자물질

부로 여러 번 이사했다. 아홉 살 때 선물로 받은 화학 세트 때문에 컬은 화학에 관심을 갖게 되었다. 그는 텍사스주 샌안토니오에 있는 토머스제퍼슨 고등학교에 다녔다.

1954년 컬은 라이스 대학 화학과를 졸업했다. 그 후 1957년 캘리포니아 대학 버클리 캠퍼스에서 화학 박사 학위를 받았다. 컬은 하버드 대학에서 박사 후 연구원으로 재직하면서 마이크로파 분광법을 사용하여 분자의 결합 회전 장벽을 연구했다. 1958년에는 라이스 대학 교수가 되었다.

물리군　세 사람은 어떻게 축구공 모양의 탄소 배열을 발견했나요?

정교수　크로토는 1985년에 서식스 대학의 화학 교수가 되었어. 이때 마이크로파 분광법을 사용하여 별과 가스 구름의 대기에서 긴 사슬 모양의 탄소 분자를 발견했지. 이러한 탄소 사슬이 어떻게 형성되는지 알아내기 위해 그는 텍사스주 휴스턴에 있는 라이스 대학으로 갔다네. 그곳에 있던 스몰리는 레이저-초음속 클러스터 빔 장치를 설계한 상태였어. 이 장치는 거의 모든 알려진 물질을 기화시킨 결과 생성된 원자 또는 분자 클러스터를 연구하는 데 사용할 것이었지.

1985년 9월에 수행된 일련의 실험에서 크로토와 스몰리, 컬은 헬륨 대기에서 흑연을 기화시켜 탄소 원자 클러스터를 생성했다. 그들이 기화에서 얻은 스펙트럼 중 일부는 40에서 100 이상에 이르는 짝수의 탄소 원자를 포함했다. 대부분의 새로운 탄소 분자는 탄소 원자 60개로 이루어진 축구공 모양이었다. 세 사람은 이러한 모양의 건축물을 연구한 미국의 건축가 풀러(Richard Buckminster Fuller, 1895~1983)의 이름을 따서 이 분자를 풀러렌이라고 불렀다.

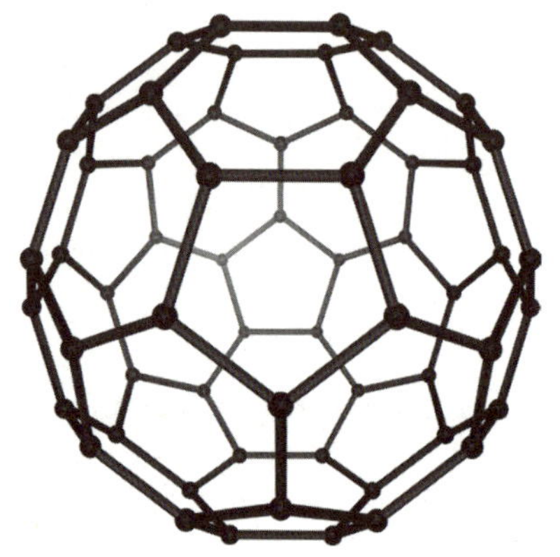

풀러렌(출처: 痛/Wikimedia Commons)

탄소 나노튜브 _ 강철보다 100배 강한

이지마 스미오(飯島澄男, 1939~, 사진 출처: 齋藤千絵/Wikimedia Commons)

정교수　이번에는 1991년 일본의 이지마 스미오가 발견한 탄소 나노튜브를 살펴볼게.

물리군　탄소 나노튜브는 어떤 모양이에요?

정교수　이름 그대로 탄소로 튜브를 만들었다고 생각하면 돼. 다음과 같

세상에서 가장 쉬운 과학 수업 양자물질

이 생겼지.

탄소 나노튜브는 지름이 나노미터 스케일로 아주 작은 튜브 모양이야. 예를 들어 단일벽 탄소 나노튜브의 지름은 약 0.5~2.0나노미터로 사람의 머리카락 너비보다 약 100,000배 작아.

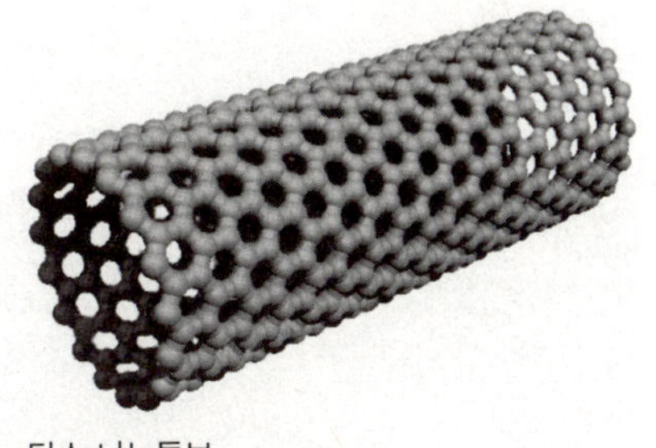

탄소 나노튜브

물리군 탄소 나노튜브는 어디에 사용되죠?

정교수 탄소 나노튜브는 나노 구조와 탄소 원자 사이의 결합 강도로 인해 인장강도 및 열전도율이 탁월해. 강철의 100배 정도의 강도와 구리에 버금가는 전기전도도를 가지지. 또한 화학적으로 변형할 수 있어. 이러한 특성 때문에 탄소 나노튜브는 전자재료, 광학재료, 복합재료, 나노 기술 등에 사용돼.

포스포렌 _인을 이용한 새로운 물질을 찾아라!

정교수 그래핀은 흑연의 층상 구조의 단층을 말해. 그래핀이 만들어진 후에 층상 구조를 갖는 물질의 단층을 찾는 연구가 시작되었어. 이번에는 탄소 대신 인을 이용한 새로운 물질을 알아볼게.

원소 인에는 여러 동소체가 존재한다. 그중 가장 흔한 것은 백린과

적린이다.

백린(왼쪽), 적린(가운데 둘), 보라인(오른쪽)
(출처: BXXXD, Tomihahndorf, Maksim, Materialscientist/Wikimedia Commons)

　백린은 사면체 배열을 이루며 빛을 받으면 노랗게 변하는 반투명 왁스 같은 고체이다. 백린은 연기, 조명 및 소이탄에 쓰이며 일반적으로 예광탄의 연소 요소이다.

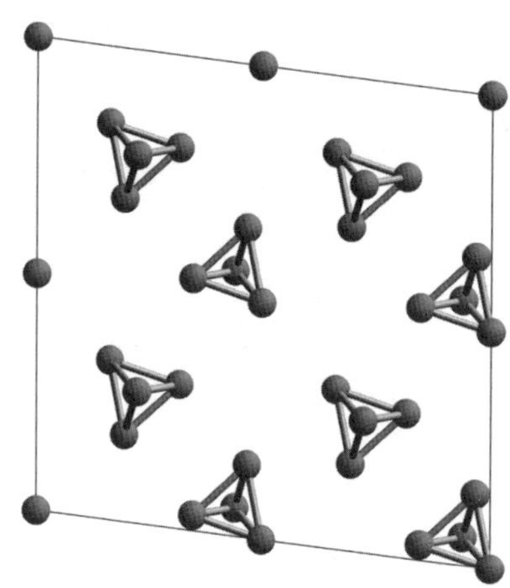

백린의 결정구조(출처: Martin Uhrin/ Wikimedia Commons)

　　　　　　세상에서 가장 쉬운 과학 수업 양자물질

1966년 남베트남의 베트콩 진지에 투하된 미 공군의 백린탄

적린은 공기가 없는 상태에서 백린을 300℃로 가열하거나 백린을 햇빛에 노출시켜 만든다. 적린은 폴리아미드와 같은 열가소성 수지 및 에폭시수지나 폴리우레탄 같은 열경화성 수지에서 매우 효과적인 난연제로 사용할 수 있다.

물리군 흰색, 빨간색, 보라색 외의 인은 없나요?

정교수 검은색을 띠는 인이 있는데 이것을 흑린이라고 불러. 흑린은 고압 물리학 연구로 유명한 브리지먼이 발견했지. 그는 12,000기압에서 백린을 가열해 흑린을 만들었어.

브리지먼(Percy Williams Bridgman, 1882~1961, 1946년 노벨 물리학상 수상)

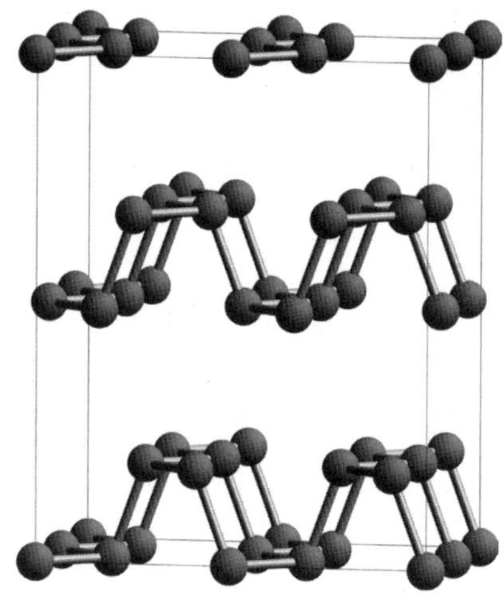

흑린의 구조(출처: Martin Uhrin/Wikimedia Commons)

흑린의 몇 개 층을 떼어낸 2차원 물질로 머리카락 굵기의 10만분의 1 정도 되는 물질을 포스포렌(phosphorene)이라고 부른다. 포스포렌은 2014년 기계적 박리에 의해 처음으로 분리되었다.

그래핀이 밴드갭이 0이라서 반도체로 쓸 수 없는 데 반해, 포스포렌은 밴드갭이 0이 아니므로 반도체로 사용할 수 있다. 포스포렌은 전자의 이동속도가 기존 반도체보다 훨씬 커서 고성능 반도체를 만드는 데 적합하다. 흑린을 이용한 고성능 반도체가 등장한다면 LED 산업이나 태양전지, 휘는 디스플레이 등 다양한 분야에 응용이 가능하다.

세상에서 가장 쉬운 과학 수업 양자물질

휘는 디스플레이(출처: U.S. Army RDECOM/Wikimedia Commons)

포스포렌은 리튬 이온 배터리와 같은 충전식 배터리의 양극에 쓰기에도 유망한 재료이다.

위상수학에서 양자물질로

정교수 이제 위상적 상전이 연구로 2016년 노벨 물리학상을 받은 사울레스와 코스털리츠가 한 일을 알아볼 거야. 먼저 사울레스는 어떤 사람인지 살펴볼까?

사울레스(David James Thouless, 1934~2019, 2016년 노벨 물리학상 수상, 사진 출처: Mary Levin/University of Washington)

사울레스는 물리학의 깊은 미궁 속에서 '질서'와 '혼돈' 사이에 숨은 위상적 진리를 발견한 인물이다. 그는 전통적인 물리 이론으로는 설명할 수 없던 현상들을 수학의 위상 개념을 빌려 해석했다. 이로써 응집물질물리학의 새로운 장을 열었다.

물리학은 크게 두 세계를 다룬다. 하나는 거대한 우주의 세계이고, 다른 하나는 가깝고 작지만 복잡한 물질의 세계이다. 그중 후자를 담당하는 것이 바로 응집물질물리학(Condensed Matter Physics)이다.

세상에서 가장 쉬운 과학 수업 양자물질

응집물질물리학은 물질의 집단적인 행동을 연구하는 물리학의 한 분야이다. 이름 그대로 '응집물질'—고체, 액체처럼 분자나 원자가 서로 가까이 모여 있는 상태의 물질—을 연구한다. 이 분야는 현대 물리학에서 가장 넓고 깊으며, 노벨상 수상자도 제일 많이 배출했다.

1934년 스코틀랜드 베어즈든에서 태어난 사울레스는 영어 교사인 어머니와 심리학자이자 방송인이었던 아버지 사이에서 자랐다. 케임브리지 대학 트리니티 칼리지에서 자연과학 학사 학위를 받았으며, 미국 코넬 대학에서 노벨 물리학상 수상자인 한스 베테의 지도 아래 박사 학위를 받았다.

학위 취득 후 사울레스는 로런스 버클리 연구소에서 연구를 이어갔다. 그리고 영국 케임브리지, 버밍엄, 미국 예일, 워싱턴 대학 등에서 교수직을 역임했다. 그의 연구는 초전도, 핵물질, 전자 상태, 원자핵의 운동, 통계역학에 이르기까지 응집물질과 다체계 전반을 아우른다.

이번에는 코스털리츠에 대해 알아보자.

1943년 6월 22일, 스코틀랜드 애버딘에서 태어난 코스털리츠는 독일계 유대인 이민자 가정에서 자랐다. 그의 아버지 한스 발터 코스털리츠(Hans Walter Kosterlitz)는 엔도르핀을 발견한 생화학자로 유명하다. 코스털리

코스털리츠(John Michael Kosterlitz, 1943~, 2016년 노벨 물리학상 수상. 사진 출처: Bengt Nyman/Wikimedia Commons)

츠는 과학자의 아들로서 어린 시절부터 학문에 익숙한 환경에서 성장했다.

코스털리츠는 로버트 고든 칼리지와 에든버러 아카데미를 거쳐 케임브리지 대학 곤빌 앤 카이우스 칼리지에서 물리학을 공부했고, 이후 석사 과정을 마쳤다. 그는 옥스퍼드 대학 브레이지노스 칼리지에서 박사 학위를 받으며 이론물리학의 길로 나아갔다.

박사 후 과정 동안 코스털리츠는 데이비드 사울레스와 함께 영국 버밍엄 대학에서 협력한다. 둘의 만남은 응집물질물리학의 패러다임을 바꾸는 결과로 이어졌다.

물리군　두 사람은 어떤 연구를 했나요?

정교수　1973년 그들은 공동 논문을 발표했지. 2차원에서 소용돌이 쌍(vortex−antivortex pair)의 생성과 소멸이 온도에 따라 달라지며, 새로운 형태의 위상적 상전이(Kosterlitz-Thouless transition)가 일어남을 설명했어.

물리군　소용돌이 쌍이 뭐예요?

정교수　말 그대로 작은 회오리바람 두 개가 짝을 이룬 상태야. 여기서 회오리바람은 진짜 바람이 아니라, 물질 속 아주 작은 입자들이 만드는 '회전하는 패턴'을 뜻해. 처음엔 회오리 둘이 붙어서 안정되었다가 온도가 올라가면 이 쌍이 끊어지면서 서로 멀어지지. 이때가 바로 위상적 상전이가 일어나는 순간이야.

물리군　위상적 상전이요?

정교수 물이 얼거나 끓는 순간처럼 액체상이 고체상으로 바뀌거나 액체상이 기체상으로 바뀌는 것을 상전이(phase transition)라고 불러. 현대 물리학은 그보다 훨씬 더 정교하고 눈에 보이지 않는 '질서의 변화'도 상전이로 간주해. 특히 눈에 보이지 않는 위상(topology)이라는 수학 개념으로 물질의 상태변화를 설명할 수 있다는 사실이 밝혀졌어. 이로써 우리는 '위상적 상전이(topological phase transition)'라는 새로운 차원의 물리 현상을 이해하게 되었지.

일반적인 상전이는 온도나 압력 등의 조건 변화에 따라 물질의 상태가 변하는 현상이다. 예를 들어 얼음이 물이 되고, 물이 수증기가 되는 변화가 이에 해당한다. 이런 상전이에서는 밀도, 에너지, 대칭성 등 물리량의 불연속적인 변화가 핵심이다.

하지만 위상적 상전이는 다르다. 여기서는 물리량이 불연속적으로 바뀌지 않는다. 물질 내에 존재하는 '위상적 결함', 즉 소용돌이나 구멍처럼 형태의 특성이 중점이다.

물리군 위상이라는 수학이 궁금해요.

정교수 도넛과 머그잔은 겉으로 보면 전혀 달라 보이지? 하나는 먹는 음식이고, 다른 하나는 커피를 마시는 잔이야. 그런데 수학자들은 이 둘이 '같다'고 말해. 왜 그럴까? 그것은 바로 위상수학(topology)이라는 아주 특별한 수학이 있기 때문이야.

위상수학은 도형의 크기나 각도, 길이 같은 수치에는 관심이 없다. 대신 '물체에 구멍이 몇 개 있는가?', '끊어지지 않고 이어져 있는가?'와 같은 형태의 본질적인 특성을 연구하는 학문이다.

이런 특징들을 수학에서는 위상적 불변성(topological invariant)이라 하고, 그런 성질이 같으면 도형이 '같다'고 한다. 위상수학에서는 이걸 '동형(同形, homeomorphism)' 관계라고 부른다.

머그잔은 손잡이가 하나 달려 있고, 도넛은 가운데 구멍이 하나 있다. 위상수학에서는 연속적으로 구부리거나 늘이거나 줄여서 변형할 수 있다면 두 모양을 같은 것으로 간주한다.

실제로 찰흙으로 도넛을 만든 다음, 가운데 구멍을 위로 들어 올려 손잡이를 만들면 머그잔이 된다. 찢거나 붙이지 않고도 만들 수 있으니, 이 두 모양은 위상적으로 같다.

물체의 기하학적 성질을 고려하는 위상수학

반면 찰흙공은 구멍이 없기 때문에, 구멍이 있는 도넛으로는 변형할 수 없다. 그래서 위상수학에서는 찰흙공과 도넛은 다른 위상 구조라고 말한다.

위상수학이라는 단어는 그리스어 '토포스(topos, 장소)'와 '로고스(logos, 이론)'에서 왔다. 최초로 이 용어를 쓴 사람은 요한 베네딕트 리스팅(Johann Benedict Listing)이다. 그는 위상수학을 이렇게 정의했다.

'공간 속의 점, 선, 면, 그리고 위치 등에 관해 양이나 크기와는 별개의 형상이나 위치 관계를 연구하는 학문'

즉, 공간의 연결 구조와 형태의 본질을 연구하는 것이 위상수학이다.

홀데인의 연구 _ 수학적 직관과 물리적 통찰력으로

정교수　그럼 현대 위상물질 이론의 창시자 홀데인을 자세히 알아볼까?

홀데인(Frederick Duncan Michael Haldane, 1951~,
2016년 노벨 물리학상 수상,
사진 출처: Bengt Nyman/Wikimedia Commons)

프레더릭 덩컨 마이클 홀데인은 1951년 9월 14일, 영국 런던에서 태어났다. 세인트폴 학교에서 중등교육을 받은 그는 케임브리지 대학 크라이스트 칼리지에 진학했다. 이후 케임브리지에서 학사와 박사 학위를 취득했다. 박사 과정에서는 1977년 노벨 물리학상 수상자인 필립 앤더슨(Philip W. Anderson)의 지도를 받았다.

홀데인은 학창 시절부터 수학적 직관과 물리적 통찰력으로 두각을 나타냈으며, 이론물리학자로서 탄탄한 기반을 다졌다.

크라이스트 칼리지(출처: DAVID ILIFF/Wikimedia Commons)

홀데인의 학문 여정은 프랑스 라우에-랑주뱅 연구소에서 본격적으로 시작되었다. 이곳은 중성자 산란을 이용해 물질의 내부 구조를 연구하는 세계적인 기관으로, 그는 이론물리학자로서 응집물질의 세계를 탐색했다. 이 시기에 그는 1차원 스핀 사슬의 양자적 성질과 집단 현상에 주목하며 자신만의 연구 방향을 형성했다.

　　　　　　　　　　세상에서 가장 쉬운 과학 수업 양자물질

1981년 홀데인은 서던캘리포니아 대학(USC)의 물리학과 조교수로 임용되었다. 곧 부교수, 정교수로 승진하며 미국 물리학계에서도 빠르게 존재감을 드러냈다. 그는 양자 홀 현상과 위상수학을 결합하는 연구를 시도하며, 전통적인 고체물리 이론으로는 설명할 수 없었던 수많은 현상에 도전장을 던졌다.

1986년 7월, 홀데인은 캘리포니아 대학(샌디에이고)으로 자리를 옮겼다. 이곳에서 그는 '홀데인 격차'로 잘 알려진 1차원 정수 스핀 사슬의 에너지 간격 이론을 발표하며 주목받았다. 1988년에는 자기장이 0이어도 전류가 양자화될 수 있다는 위대한 예측을 담은 '홀데인 모델'을 발표하였다. 이는 곧바로 위상 절연체, 양자 스핀 홀 효과 등으로 발전하며, 위상수학이 물질의 실제 성질을 설명하는 도구로 자리 잡는 계기가 되었다.

1990년 홀데인은 프린스턴 대학 물리학과 교수로 임명되었다. 그는 이후로도 다양한 이론을 제안하고, 복잡한 위상 개념을 실제 물리계에 적용하는 연구를 꾸준히 이어갔다. 1999년에 유진 히긴스 석좌교수, 2017년에는 셔먼 페어차일드 석좌교수로 임명되며 학계 최고의 명예를 거머쥐었다.

홀데인은 미국을 넘어 세계 과학계와도 활발히 소통했다. 2013년부터 2018년까지 그는 캐나다의 페리미터 이론물리학 연구소에서 '초빙 석좌교수'로 재직하며, 위상물질 이론의 확장과 후학 양성에 힘썼다.

이 모든 여정은 2016년에 결실을 맺었다. 홀데인은 데이비드 사울

레스, 존 마이클 코스털리츠와 함께 '물질의 위상적 상전이와 위상물
질 상태에 대한 이론적 발견'으로 노벨 물리학상을 수상했다. 홀데인
의 이론이 수학적 추상에 그치지 않고, 현실 세계의 물리적 현상을 설
명하는 강력한 틀이 되었음을 증명하는 순간이었다.

물리군　홀데인이 발표해 주목받았다는 1차원 정수 스핀 사슬의 에너
지 간격 이론이 뭔가요?

정교수　스핀은 전자의 '작은 나침반' 같은 성질이야. 전자는 왼쪽으
로 돌 수도 있고, 오른쪽으로 돌 수도 있지. 이처럼 도는 성질을 우리
는 스핀(spin)이라고 불러. 어떤 물질 안에는 수많은 전자가 사슬처
럼 길게 배열되어 있고, 각자 스핀이라는 방향을 가지고 서로 영향을
주고받지. 이를 1차원 스핀 사슬 모델이라고 해.

　가장 단순하게 각 전자가 스핀 1/2의 값을 가지는 경우를 생각해
보자. 스핀 1/2이란 전자가 두 방향(위 또는 아래) 중 하나로만 정렬
한다는 뜻이다. 이때 전자들은 서로 영향을 주며, 에너지를 거의 들이
지 않고도 스핀이 요동칠 수 있다. 다시 말해 바닥상태에서 첫 번째
들뜬상태로 쉽게 올라갈 수 있다.

　덩컨 홀데인은 1983년에 중요한 질문을 던졌다.

　"만약 이 사슬의 입자들이 스핀 1이라면 어떻게 될까?"

　스핀 1은 위아래뿐 아니라 중간(=0) 방향도 가질 수 있다. 즉, 스
핀의 자유도가 더 많다. 그런데 놀랍게도, 스핀 1로 구성된 사슬에서

　　　　　　　　　　　세상에서 가장 쉬운 과학 수업 양자물질

는 바닥상태에서 첫 번째 들뜬상태까지 에너지 차이가 존재한다는 사실을 홀데인이 수학적으로 증명해냈다. 이 에너지의 틈을 '홀데인 격차(Haldane Gap)'라고 부른다.

스핀 1/2에서는 아주 작은 자극만 줘도 상태가 쉽게 바뀐다. 하지만 스핀 1에서는 일정한 에너지 이상을 줘야 상태가 바뀐다. 이것은 마치 고요한 호수에 물결을 일으키려면 일정 이상의 돌을 던져야 하는 것과 비슷하다.

이 성질은 양자 상태의 안정성과 관련 있다. 외부에서 조금만 건드려도 쉽게 변하는 시스템과, 웬만한 자극에는 끄떡없는 시스템은 응용성에서 큰 차이를 보인다.

홀데인의 이론은 나중에 실험으로 입증되었으며, 스핀 사슬, 양자 자성, 초전도체 연구에 큰 영향을 미쳤다. 특히 양자 위상물질에 대한 이해를 여는 열쇠가 되었다.

물리군　자기장이 0이어도 전류가 양자화된다는 건 무슨 뜻이에요?

정교수　전류가 흐를 때, 그 양이 불연속적인 '단계'로 움직인다고 하면 이상하게 들릴 수 있어. 마치 수도꼭지를 틀었을 때, 물이 똑똑 떨어지는 것처럼 '전류도 똑똑 떨어진다'고 말하는 셈이야. 물리학자들은 실제로 그런 현상을 관측했고, 이를 양자 홀 효과(Quantum Hall Effect)라고 불렀어. 이 효과는 1980년대에 실험으로 발견되었지. 여기서 중요한 조건이 하나 있는데, 바로 자기장이 매우 강해야 한다는 거야.

1988년 논문에서 덩컨 홀데인은 과감하게 말했다.

"자기장이 없어도 양자 홀 효과가 일어날 수 있다."

양자 홀 효과는 전류가 흐를 때, 수직 방향으로 전압이 생기는 현상이다. 이를 홀 전압이라고 한다. 그런데 특정한 상황에서는 이 전압이 단지 '비례'하는 것이 아니라, 정수 단위로 딱딱 떨어지는 양자화(quantization) 현상이 나타난다. 이는 전자의 움직임이 양자적으로 제한된다는 뜻이다.

이 현상은 원래 강한 자기장이 있을 때만 나타나는 것으로 알려져 있었다. 자기장이 전자를 원형 궤도로 휘게 만들고, 그 궤도 안에서 전자가 정수 단위로 에너지를 가지는 것이었다.

1988년 홀데인은 물리학자들의 상식을 뒤흔드는 논문을 발표했다. 그는 '자기장이 0인 상태에서도 전류가 양자화될 수 있다'는 수학적 모델을 만들어냈다. 이것이 바로 '홀데인 모델(Haldane Model)'이다.

홀데인 모델은 그래핀(graphene)과 같은 벌집 모양(honeycomb lattice)의 2차원 격자를 기반으로 한다. 그는 이 격자 안에서 전자가 움직일 때, 외부에서 자기장을 걸지 않더라도 격자 내부에서 특수한 위상 조건을 주면 전자의 움직임에 시간 반전 대칭이 깨지는 효과가 나타난다고 보았다. 즉, 전체적으로는 자기장이 '0'이지만, 국소적으로 전자가 느끼는 경로에는 시계 방향과 반시계 방향 전자 흐름의 비대칭성이 만들어진다. 이것이 전류의 양자화를 유도한다.

홀데인 이론의 핵심은 전도도가 단순한 전자수나 속도 같은 값이

     세상에서 가장 쉬운 과학 수업 양자물질

아니라, 격자의 위상적 구조에 의해 정해진다는 점이다. 위상수학 개념을 이용해 전류의 양자화가 공간의 모양, 경로의 꼬임, 위상의 비틀림 같은 요소로 결정되는 것을 증명했다. 이는 곧 위상 절연체, 양자 스핀 홀 효과, 양자컴퓨터의 기반 물질 등으로 발전했다.

위상 절연체 _ 겉은 뜨겁고 속은 단단한 괴짜 물질

물리군 머리 좀 굴릴 준비하고 왔습니다! 이번엔 또 어떤 양자 괴짜를 소개해 주실 건가요?

정교수 이번엔 이름부터 생소하고 행동도 독특한 물질을 소개하려고 해. 앞에서도 잠시 언급한 '위상 절연체(topological insulator)'라는 녀석이야.

물리군 절연체라면 전기가 안 통하는 물질 아닌가요? 그런데 '위상'이 붙으니까 뭔가 수학적이고 물리적인 비밀이 숨겨져 있을 것 같은데요?

정교수 촉이 빠르군! 맞아. 겉보기엔 그냥 전기가 안 통하는 평범한 절연체처럼 보여. 하지만 이 녀석은 속과 겉의 성질이 완전히 달라.

물리군 에이, 무슨 말씀이세요. 안에서는 전기가 안 통하고, 밖에서는 전기가 흐른다고요?

정교수 바로 그거야. 이 물질은 내부에서는 전류가 전혀 흐르지 않지만, 표면에서는 전자가 자유롭게 이동할 수 있어. 껍질만 도체고 알맹이는 절연체인 셈이지.

물리군　와, 그거 완전 반칙 아닌가요? 어떻게 그런 일이 가능하죠?

정교수　양자역학과 위상수학 덕분이야. 이 물질 속 전자들의 양자 상태는 마치 실로 묶인 매듭처럼 복잡하게 꼬여 있어서, 겉면에 생긴 전류 흐름은 웬만한 충격이나 결함으로는 끊을 수 없어. 이걸 '위상적으로 보호된 상태'라고 불러.

물리군　그럼 먼지나 흠집 같은 결함이 있어도 표면 전류는 끊기지 않는 건가요?

정교수　그렇지. 일반적인 도체는 불순물이나 결함이 있으면 전류 흐름을 방해받아. 위상 절연체는 그걸 피해 다니듯 전류가 흐르지. 그래서 매우 안정적이야.

물리군　그러니까 이 물질은 겉에서만 전기가 흐르고, 그 흐름이 엄청 튼튼하게 보호되는 거네요? 거의 장애물을 스스로 피해 가는 자율주행차 같은 느낌인데요?

정교수　완벽한 비유야! 바로 그런 특성 덕분에 위상 절연체는 전자기기의 발열 문제를 줄이거나, 양자컴퓨터처럼 정밀하고 안정적인 전자소자를 만드는 데 사용할 수 있어.

물리군　듣다 보니까 미래의 전자기기는 이 물질 없이는 못 만들 것 같아요.

정교수　충분히 가능해. 게다가 위상 절연체는 무거운 원소로 구성된 경우가 많아. 전기전도도는 좋고 열전도도는 낮아서 열전소자(전기를 만들어내는 장치)로도 유망하지.

　　　　　　　　세상에서 가장 쉬운 과학 수업 양자물질

물리군　속은 차갑고 겉은 활발하게 움직이는, 약간 겉바속촉 같은 물질이네요?

정교수　하하하, 위상 절연체를 그렇게 표현한 건 처음이군! 하지만 맞아. 겉은 뜨겁게 전기를 전달하고, 속은 단단히 절연돼 있지. 그래서 과학자들은 이 '괴짜 물질'이 기초과학뿐 아니라 실용 기술에서도 새로운 혁명을 일으킬 거라고 기대하고 있다네.

물리군　위상 절연체는 신기한 양자물질인 줄만 알았는데, 실제로 우리 일상에 큰 도움이 되는 실용적인 기술이군요?

정교수　이론적으로 멋진 것에 그치지 않고, 실제로도 에너지 효율을 극대화하는 아주 강력한 열전소재로 주목받고 있어.

물리군　예를 들어 어디에 쓰이나요?

정교수　가장 먼저 떠오르는 건 우주야. 우주 탐사선은 태양광을 활용하기 힘든 먼 곳까지 가는 경우, 방사성 동위원소의 열로 전기를 만들어야 해. 이때 열전소자가 필요하지. 위상 절연체의 내부는 절연돼

우주 탐사선
보이저호

있어서 열 손실이 적고, 표면 전도 특성으로 전기 효율은 높아. 우주 같은 극한 환경에 아주 잘 맞지.

물리군　지구 밖에서 위상 절연체가 활약하고 있었다니! 그럼 지구에서는요?

정교수　자동차나 공장처럼 많은 열을 배출하는 기계에서도 쓰여. 엔진이 돌아갈 때 나오는 배기열을 전기로 바꾸면 에너지를 재활용할 수 있거든. 위상 절연체 기반 열전소자를 자동차에 장착하려는 연구도 활발하지.

물리군　열기를 다시 전기로 바꿔서 에너지 손실을 줄이는 거군요. 그럼 일상에서도…… 혹시 스마트워치 같은 데에도 쓰일 수 있나요?

정교수　아주 좋은 질문이야! 요즘엔 사람의 체온과 주변 공기의 온도 차만으로 전기를 만드는 웨어러블 센서도 연구되고 있어. 배터리 없이 작동하는 건강 모니터링 기기 같은 거지. 위상 절연체는 낮은 온도 차로도 효율이 좋아서 이런 분야에서도 아주 유망해.

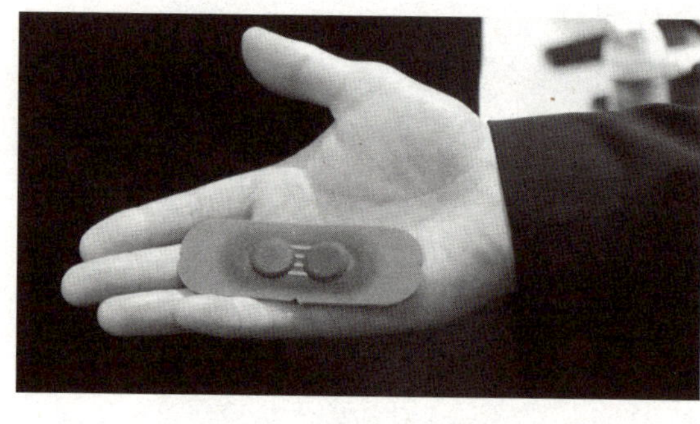

웨어러블 센서
(출처: CES Unveiled/
Flickr Creative Commons)

　세상에서 가장 쉬운 과학 수업 양자물질

물리군　　그러니까 이 물질은 양자역학에 기반한 '괴짜'인 동시에, 우주에서 탐사선을 움직이고 자동차의 열을 재활용하고, 피부에 붙여 건강을 측정하는 스마트 센서가 될 수도 있다는 거네요?

정교수　　그래. 말하자면 '양자에서 실용까지'를 연결하는 다리 같은 존재야. 위상 절연체는 단지 특이한 전기 물성이 아니라, 에너지의 흐름을 조율하는 새로운 방식을 보여주는 물질이기도 해.

물리군　　언젠가는 우리 집 창문에도 위상 절연체가 붙어서 햇빛만으로 자동 커튼이 움직이고, 스스로 전기를 만들어서 작동하는 스마트 시스템도 가능하겠군요?

정교수　　이미 그런 아이디어는 실험실에서 현실로 나타나고 있어. 우주의 에너지, 자동차의 열기, 사람의 체온, 태양의 따뜻함까지, 모든 열을 전기로 바꾸는 세계. 그 중심엔 지금 우리가 이야기한 바로 그 '위상 절연체'가 있을지도 모르지.

물리군　　두뇌에 불이 나네요. 양자 괴짜 물질 하나가 이렇게나 쓸모 있을 줄이야!

정교수　　과학은 늘 낯선 곳에서 시작하지만 결국 사람을 위한 도구가 되는 게 진짜 재미지. 위상 절연체처럼 말이야.

양자 스핀 액체 _질서 없는 질서의 발견

물리군 이번엔 또 어떤 괴짜 물질이 기다리고 있나요?

정교수 자네도 상상 못할 세계를 보여주지. 바로 '액체 같은 자석', 양자 스핀 액체(Quantum Spin Liquid) 이야기를 해볼 거야. 먼저 이 이론의 창시자인 앤더슨을 소개할게.

앤더슨(Philip Warren Anderson, 1923~2020, 1977년 노벨 물리학상 수상)

필립 앤더슨은 미국 인디애나주 인디애나폴리스에서 태어나, 일리노이주 어배너에서 성장했다. 그의 아버지 해리 워런 앤더슨(Harry Warren Anderson)은 어배너–샘페인에 위치한 일리노이 대학(UIUC)의 식물병리학 교수였다. 외가 역시 학문적 배경이 깊었다. 외할아버지는 워배시 대학에서 수학을 전공한 학자였고, 외삼촌은 같은 대학에서 영어 교수로 재직하며 로즈 장학생(Rhodes Scholar)의 영예를 얻기도 했다.

  세상에서 가장 쉬운 과학 수업 양자물질

1940년 앤더슨은 어배너에 위치한 대학 실험 고등학교(University Laboratory High School)를 졸업했다. 그의 재능을 일찍이 알아본 수학 교사 마일스 하틀리(Miles Hartley)의 격려 덕분에, 앤더슨은 하버드 대학에 전액 장학금으로 진학할 수 있었다.

대학 실험 고등학교(출처: Ragib Hasan)

앤더슨은 전공을 '전자물리학'으로 선택해 1943년에 학사 학위를 취득했다. 학부 시절 그는 뛰어난 동료들과 교류했다. 입자 및 핵물리학자 피에르 누아(H. Pierre Noyes), 철학자이자 과학사학자로 유명한 토머스 쿤, 그리고 분자물리학자 헨리 실스비(Henry Silsbee)가 그와 함께 학문을 나누었다.

토머스 쿤(Thomas Samuel Kuhn, 1922~1996,
그림 출처: Davi.trip/Wikimedia Commons)

제2차 세계대전이 격화되던 당시, 앤더슨은 미 해군 연구소에 징집되어 1945년에 전쟁이 끝날 때까지 군용 안테나 제작 연구에 참여했다. 전쟁 이후 그는 다시 하버드로 돌아와 존 해즈브룩 밴블렉(John Hasbrouck Van Vleck)의 지도 아래 물리학 박사 과정을 밟았다.

1949년에는 〈마이크로파 및 적외선 영역에서 스펙트럼선의 압력 확장 이론〉이라는 제목의 논문을 제출하여 박사 학위를 취득했다. 이후 앤더슨은 고체물리학과 이론물리학의 거장으로 성장하며, 로컬라이제이션(localization) 이론, 깨진 대칭(Broken symmetry), 그리고 자기유리상태(Spin glass), 고온초전도 연구에 큰 족적을 남겼다.

물리군　앤더슨이 발견한 액체 같은 자석은 뭐예요? 자석은 스핀이 딱딱 고정되어야 하지 않나요?

　　　세상에서 가장 쉬운 과학 수업 양자물질

정교수　그건 일반적인 자석이지. 보통 자석은 전자들의 스핀이 같은 방향으로 정렬되어 있어. 그 정렬 덕분에 자성이 생기는 거거든. 그런데 양자 스핀 액체는 달라. 스핀이 어떤 방향으로도 고정되지 않고, 끝없이 요동치면서도 특정한 질서를 유지하지.

물리군　스핀이 맞춰지지 않으면 자석이 될 수 없겠네요?

정교수　맞아. 그 핵심엔 바로 '좌절(frustration)'이라는 현상이 있어.

물리군　좌절이요? 전자들이 화가 난 건가요?

정교수　하하, 거의 그런 느낌이지. 예를 들어 세 명의 전자가 삼각형 꼭짓점에 있다고 해볼까? 각 전자가 서로 반대 방향으로 스핀을 가지려고 할 때, 세 번째 전자는 어느 쪽에도 완벽히 맞출 수 없어. 누구랑 맞으면 누구랑은 어긋나는 구조지.

물리군　항상 한쪽과는 충돌하네요! 세 명이 사이좋게 정렬할 수 없는 구조라니, 딱 좌절이네요.

정교수　그렇지. 이런 구조적 좌절이 쌓이면 결국 전자들은 어느 한 방향으로도 정렬하지 못하고 영원히 요동치는 상태, 즉 '양자 스핀 액체'가 되는 거야.

물리군　그래서 이름이 '스핀 액체'인가요? 자석인데 흐르는 성질을 가졌다는 뜻이에요?

정교수　정확해. 보통 자석은 '고체 상태의 질서'라면 스핀 액체는 액체처럼 유동적인, 그러나 보이지 않는 질서가 있지. 겉으로 보기엔 스핀들이 무작위로 보이지만, 사실은 아주 정교하게 얽혀 있어.

물리군　완전히 무질서한 게 아니라 깊은 양자 얽힘이 있는 상태군요?

정교수 맞아. 이것을 '질서 없는 질서'라고 부르기도 해. 내면은 고요하지만 격렬하지.

물리군 그럼 이 신기한 상태는 실제로 어디에 쓰이나요?

정교수 좋은 질문이야. 가장 주목받는 분야는 바로 양자컴퓨터야. 양자 스핀 액체는 양자 얽힘이 자연스럽게 유지되는 구조여서 양자정보 저장에 매우 유리해. 특히 마요라나 페르미온(Majorana fermion) 같은 특이한 준입자가 나타날 수 있고, 그걸 바탕으로 위상 양자 비트(topological qubit)를 만들 가능성도 열려 있어.

물리군 양자 스핀 액체는 발견되었나요?

정교수 물론이지. 양자 스핀 액체를 처음 실험으로 확인한 건 2000년이야. 콜디아(Coldea) 그룹이 세슘 이가 구리 사염화물이라는 화합물에서 발견했지. 이 물질은 육방정계 결정구조였고, 그 안의 스핀들은 서로 얽히면서도 규칙적인 자기 질서를 만들지 않았어. 보통 이런 자석에서는 온도가 낮아지면 스핀들이 일제히 정렬되어 자성을 띠게 마련이야. 하지만 세슘 이가 구리 사염화물에서는 스핀들이 끝내 어떤 방향으로도 정렬되지 않았지. 이것은 단순한 무질서가 아니라, 끊임없는 양자 요동(Quantum Fluctuation) 때문이라는 게 밝혀졌다네. 결국 고체 물질 안에서 '고요한 듯 활발한' 새로운 양자 상태가 존재함을 의미하는 거야.

  세상에서 가장 쉬운 과학 수업 양자물질

마요라나 페르미온 _ 사라진 자기 자신의 반입자

물리군　앞에서 마요라나 페르미온이라는 게 나왔는데 그게 뭐예요?

정교수　지금부터 만나볼 주인공이 바로 물리학계의 유령 같은 존재, 마요라나 페르미온이야. 에토레 마요라나가 처음 주장한 이론이지. 그에 대해 먼저 살펴볼까?

에토레 마요라나
(Ettore Majorana, 1906~1938?)

1906년 지중해의 따사로운 햇살이 내리쬐는 이탈리아 시칠리아섬 카타니아에서 한 소년이 태어났다. 그의 이름은 에토레 마요라나.

마요라나는 지식인의 집안에서 자랐다. 삼촌 퀴리노 마요라나 역시 저명한 물리학자였다. 어린 에토레는 자연스럽게 수학과 과학의 언어에 익숙해졌다. 그는 이미 10대 시절부터 숫자와 방정식에 비범한 감각을 보였다. 그 재능은 단순한 계산 능력을 넘어 물리학적 통찰로 이어지는 직관으로 발전했다.

1923년 마요라나는 로마 대학에 진학해 공학을 공부했다. 그러나 그의 인생 궤적은 한 사람의 권유로 완전히 바뀐다. 그 사람은 바로 에밀리오 세그레(Emilio Segrè)였다. 훗날 노벨상을 수상한 이 뛰어난 물리학자는 마요라나의 수학적 재능에 감탄하며 물리학으로의 전향을 강력히 권했다. 이 조언을 따르기로 한 마요라나는 1928년, 공학을 떠나 물리학이라는 더 깊은 세계로 들어섰다.

그는 곧 엔리코 페르미(Enrico Fermi)가 이끌던 연구 그룹에 합류한다. 이 그룹은 실험실의 주소를 따라 '비아 파니스페르나 소년들'로 불렸다. 마요라나는 그중에서도 가장 조용하면서도 날카로운 두뇌로 기억되었다.

마요라나는 학부생일 때 그의 첫 번째 학술 논문을 발표했다. 주제는 원자 분광학(atomic spectroscopy)이었다. 그는 이 논문에서 페르미의 원자 구조 모델(훗날 토머스–페르미 모형으로 불리는)을 분광학적으로 정량 적용하는 데 성공했다. 이를 이용해 가돌리늄과 우라늄의 핵심 전자 에너지를 계산했고, 세슘의 광학 스펙트럼에서 관찰되는 미세 구조 분할 현상도 정확히 설명했다.

1929년 마요라나는 로마 라사피엔차 대학에서 물리학 학위를 받았다. 1931년 그는 원자 스펙트럼에서의 이상한 이온화 현상에 주목했다. 그는 전자가 외부 간섭 없이 자체적으로 이탈하는 현상을 분석하며, 이를 '자발적 이온화(spontaneous ionization)'라고 불렀다.

1932년 마요라나는 시간에 따라 변하는 자기장 안에서 원자의 거동을 분석한 논문을 발표했다. 이 연구는 이후 라비(I. I. Rabi) 등에 의해 확장되며, 무선주파수 분광법(RF spectroscopy)이라는 새로운 실험물리 분야로 발전했다.

1933년 초, 마요라나는 엔리코 페르미의 권유로 이탈리아 국립연구위원회(CNR)의 보조금을 받아 독일로 떠났다. 그가 도착했을 때

　세상에서 가장 쉬운 과학 수업 양자물질

는 마침 아돌프 히틀러가 권력을 잡은 해였다.

마요라나는 독일 라이프치히에서 베르너 하이젠베르크를 만났고, 그의 원자핵 이론—특히 핵 내 교환력(exchange force)에 관한 이론의 확장—연구에 몰두했다. 나중에 하이젠베르크에게 보낸 편지에서 마요라나는 그를 단지 학문적 동료가 아니라 인간적으로도 따뜻한 친구로 느꼈다고 썼다. 마요라나는 코펜하겐으로 이동해 닐스 보어와도 교류했다. 그는 당시 양자물리학의 중심인물들과 깊은 영향을 주고받았다.

1933년 7월 31일, 마요라나는 이탈리아 민족파시스트당(PNF)에 공식 가입했다. 그는 가족에게 보낸 편지에 다음과 같이 썼다.

"오늘 그들은 내게 더 나은 방을 제공한다고 했습니다. 지금부터 3개월 후에는 히틀러가 지나가는 걸 볼 수 있을 것입니다."

또한 그는 코펜하겐에서 엔리코 페르미 그룹의 조반니노에게 보낸 편지에서 나치의 행정 개편을 공개적으로 지지하며 다음과 같이 썼다.

"히틀러는 자신이 무엇을 하고 있는지 아는 것 같습니다. 어쩌면 이탈리아 파시즘이 그에게 훌륭한 본보기가 되었을 것입니다."

그는 어머니에게 보낸 편지에서도 '하룻밤 사이에 파시스트가 되어버린 신문'을 예로 들며, 히틀러가 언론을 장악한 것을 옹호했다. 심지어 반유대주의 조치에 대해서도 '사회적으로 해로운 사고방식을 억누르기 위한 방편'으로의 정당성을 주장하며, 경제 침체 속에서 새로운 세대를 위한 공간을 만드는 '역사적 필요'라고도 암시했다.

1933년 가을, 마요라나는 독일에서 급성위염과 신경쇠약 증세를

겪고 건강이 좋지 않은 상태로 로마로 귀국했다. 엄격한 식단을 지키며 점점 은둔하게 된 그는 가족들에게도 냉담해졌다. 그는 연구소 출근도 줄이고 거의 집 밖을 나서지 않는 생활을 계속했다. 4년 가까이 친구들과 단절하고 논문 발표도 멈추었다. 하지만 이 시기에도 그는 집에서 지구물리학, 전기공학, 수학, 상대성이론 등에 대한 작은 메모들을 남겼다. 이들 자료는 훗날 피사의 도무스 갈릴레아나(Domus Galilaeana)에 보관되었다.

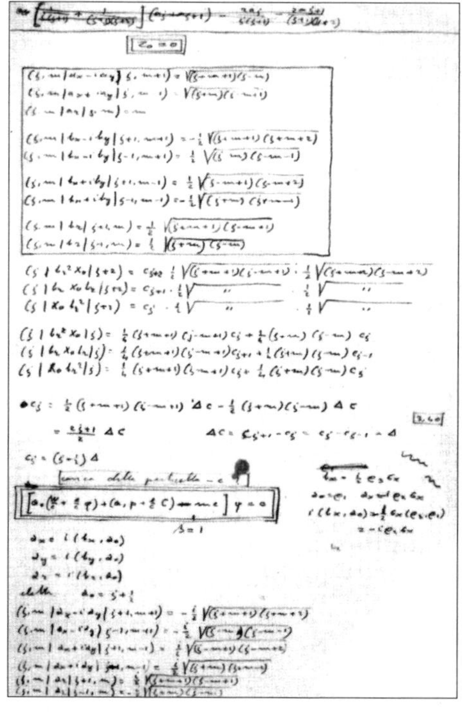

마요라나가 무한 성분의
방정식에 대해 쓴 메모

　　　　　세상에서 가장 쉬운 과학 수업 양자물질

도무스 갈릴레아나
(출처: Sailko/Wikimedia
Commons)

1937년 마요라나는 전자와 양전자의 대칭 이론을 다룬 논문을 발표한다. 이 논문에서 그는 어떤 페르미온 입자는 자기 자신의 반입자일 수 있다는 놀라운 주장을 펼쳤다. 이는 마요라나 방정식(Majorana equation)의 해로부터 유도된 것이다. 후에 이 개념은 오늘날의 마요라나 페르미온으로 이어진다.

1938년 마요라나는 시험도 보지 않고 '단일 전문 지식의 명성'만으로 이탈리아 교육부의 특별 승인을 받아 나폴리 대학의 이론물리학 정교수로 임명되었다. 하지만 그로부터 얼마 지나지 않아 그는 영원히 사라진다. 3월 25일, 그는 팔레르모에서 나폴리로 돌아가는 배표를 예약했다. 그날 아침, 연구소 소장 안토니오 카렐리에게 한 통의 짧은 편지가 도착했다.

그로부터 몇 시간 후, 그는 여행 계획을 번복하는 전보를 보냈다. 팔레르모에서 배를 타고 나폴리로 돌아갔을 가능성도 있었지만, 이후 그를 본 사람은 아무도 없었다.

그의 실종은 수십 년 동안 과학계의 신비한 수수께끼로 남았다. 이탈리아 작가 레오나르도 시아시아는 그의 실종을 소재로 한 책에서 과학자의 윤리적 책임이라는 주제를 던졌다. 그가 양자역학의 군사적 응용 가능성에 도덕적 갈등을 느껴 사라졌을 거라는 해석을 내놓았다. 그러나 마요라나의 동료였던 에도아르도 아말디(Edoardo Amaldi)와 에밀리오 세그레는 이 가설에 회의적이었다.

한편 학자 에라스모 레카미(Erasmo Recami)는 그가 아르헨티나로 이주했을 가능성에 대한 정황 증거들을 제시하며, 실종 이후 생존했을 수 있다는 가설도 제기했다. 하지만 그가 자살했는지, 수도원에

   세상에서 가장 쉬운 과학 수업 양자물질

들어가 은둔했는지, 남미로 도피했는지, 혹은 정치적 이유로 제거되었는지, 정확한 진실은 끝내 밝혀지지 않았다.

물리군　한 편의 영화 같은 이야기네요.

정교수　나도 그렇게 생각해. 이제 마요라나 페르미온 이야기로 들어가 볼까?

물리군　어떤 입자들은 자기 자신이 반입자일 수도 있다는 게 무슨 말이죠? 보통 입자와 반입자는 서로 다른 거잖아요? 전자와 양전자처럼요.

정교수　맞아. 전자는 음전하, 양전자는 양전하로 서로 만나면 충돌해서 소멸하지. 하지만 만약 전하가 0인 입자라면 이론적으로는 입자와 반입자가 같을 수도 있어.

물리군　그럼 그 입자는 자기 자신과 충돌하면 사라지나요?

정교수　어쩌면. 마요라나 페르미온이 존재한다면 자기 자신과 얽히고, 나타났다 사라지며, 아주 미묘한 방식으로 세상에 존재하는 입자일 거야.

물리군　진짜 그런 입자가 지금 존재하긴 하나요?

정교수　그게 문제지. 마요라나 페르미온은 80년 넘게 직접 관측된 적은 없어. 다만 '준입자(quasiparticle)' 형태로 고체 안에서 마치 그런 입자처럼 행동하는 현상이 발견돼.

물리군　그러니까 진짜 입자는 아니고, 상태의 조합처럼 보이는 가짜 입자라는 말인가요?

정교수 그렇게 볼 수 있지. 특히 위상 초전도체 같은 특수한 물질에서는 끝점 상태(end state)에서 마요라나 페르미온처럼 행동하는 현상이 나타나. 사람들은 이걸 '마요라나의 유령'이라고 부르기도 해.

물리군 근데 그렇게 애매하고 희미한 존재가 왜 중요한 거예요?

정교수 아주 중요한 이유가 있어. 바로 양자컴퓨터의 핵심 재료가 될 수 있기 때문이야.

물리군 또 양자컴퓨터군요! 이번엔 어떤 방식이죠?

정교수 일반적인 양자 비트는 외부의 흔들림(디코히런스)에 쉽게 영향을 받아. 하지만 마요라나 페르미온은 두 개가 쌍으로 연결돼야만 의미가 있기 때문에, 외부 교란에도 훨씬 강한 위상적 보호(topological protection)가 가능해.

물리군 흔들려도 전체 정보는 그대로! 양자정보를 훨씬 안정적으로 저장할 수 있다는 거군요?

정교수 바로 그거야. 그래서 이걸 활용한 위상 양자컴퓨터(Topological Quantum Computer)는 현재 전 세계 연구자들이 주목하는 차세대 기술이라네.

위상 양자컴퓨터의 프로세서(출처: Heute.at)

세상에서 가장 쉬운 과학 수업 양자물질

양자 엔지니어링 _상상을 구현하는 기술

물리군　마요라나 페르미온 이야기는 정말 신비로웠어요. 그런데 그런 입자들이 실제로 존재하는지도 모른다면서요? 이건 다 이론 아닌가요?

정교수　좋은 질문이야. 맞아. 많은 양자물질은 이론에서 출발했지만 이제는 그 이론을 실험으로 구현하는 시대, 즉 '양자 엔지니어링(Quantum Engineering)'의 시대가 열리고 있다네.

물리군　양자 엔지니어링이라면 '양자'를 직접 다룬다는 뜻인가요?

정교수　그렇지. 양자 엔지니어링은 양자역학의 원리를 실제 장치로 구현하고 조작하는 기술이야. 보이지 않는 스핀, 얽힘, 위상 같은 추상적인 개념이 이제는 실험실에서 직접 다루고 제어할 수 있는 대상이 된 거지.

물리군　예를 들면 어떤 기술이 있죠?

정교수　초전도 회로로 만든 양자 비트, 레이저로 원자를 얼리는 극저온 기술, 위상 초전도체에서 생성되는 마요라나 준입자, 그리고 원자를 배열해 만든 인공 결정격자, 이 모든 게 양자 엔지니어링의 결과물이야.

물리군　이제 양자물리학이 이론이 아니라 진짜 '조립 가능한' 과학이 되었군요.

정교수　양자 엔지니어링의 응용 분야는 정말 다양해.

양자컴퓨터: 암호 해독, 분자 시뮬레이션, 신약 개발 등

양자센서: 중력파 탐지, 자기장 측정, 뇌파 탐지

양자통신: 절대 해킹이 불가능한 정보 보안

새로운 물질 설계: 기존에 없던 전자소자나 에너지 저장장치

앞으로 우리가 상상조차 못한 기술도 나오겠지.

물리군 듣기만 해도 미래가 훅 다가오는 느낌이에요. 양자 세계가 현실의 기술로 바뀌는 순간이라니!

정교수 여기서 양자 시뮬레이터(Quantum Simulator)에 대해 조금 알아볼게. 이것은 복잡한 양자계를 실험실 안에서 '복사해서' 구현하는 기술이야. 양자 세계는 너무 복잡해서 수식이나 슈퍼컴퓨터로도

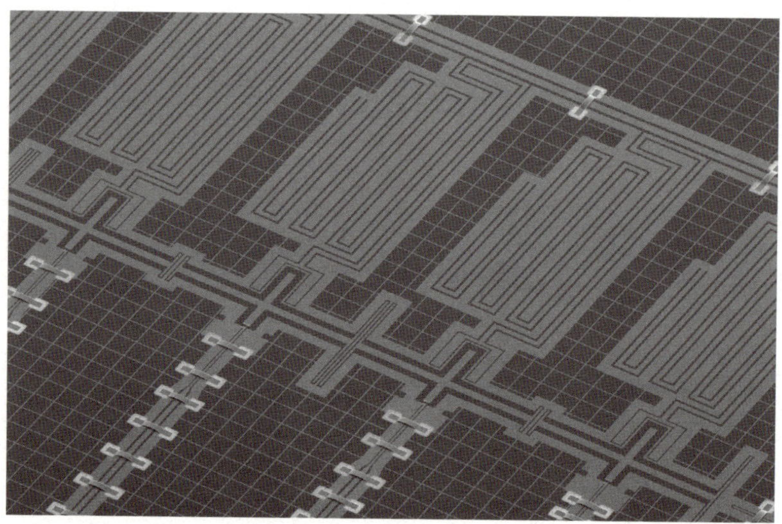

양자 시뮬레이터(출처: FMNLab/Wikimedia Commons)

　　　　　　　　　　　세상에서 가장 쉬운 과학 수업 양자물질

완전히 계산하기 어려운 경우가 많아. 특히 고온 초전도체나 양자 스
핀 액체처럼 전자들끼리 복잡하게 얽히는 시스템이 그렇지.

물리군　그럼 그런 시스템을 실제로 흉내 내는 거군요? 계산 대신 실
험으로요?

정교수　정확해! 이건 리처드 파인먼이 제안한 아이디어에서 출발했어.

양자를 이해하려면, 양자로 시뮬레이션하라.

－파인먼

물리군　역시 양자는 양자에게 맡겨야 한다는 거군요.

정교수　양자 시뮬레이터에서는 레이저를 이용해 원자들을 하나하나
가두고, 그걸로 규칙적인 격자(lattice)를 만들어.

물리군　레이저로 원자를요? 진짜로 옮긴다고요?

정교수　그렇지. 광학 격자(optical lattice)라고 부르는 기술이 있어.
교차하는 레이저 빛이 만들어 낸 '빛의 그물망'에 극도로 냉각된 원
자들을 하나씩 잡아두는 거야. 일종의 인공 결정, 우리가 설계한 새로
운 물질이지.

물리군　우주를 벽돌처럼 하나씩 새로 쌓는 느낌이네요?

정교수　멋진 비유야. 이 격자 안에서 원자는 마치 전자처럼 행동하
고, 실제 양자물질에서 일어나는 현상을 그대로 재현할 수 있지.

물리군　이걸 왜 굳이 그렇게 복잡하게 만들어요?

정교수　실제 물질은 너무 복잡해서 우리가 마음대로 조절하거나 분

석하기 어려워. 하지만 이 인공 격자는 모양, 간격, 상호작용 방식까지 전부 우리가 직접 설계하고 조절할 수 있어.

물리군 진짜로 상상을 현실로 구현하는 거네요? 어디에 사용되나요?

정교수 양자 시뮬레이터는 다음과 같은 분야에 쓰일 수 있어.

새로운 물질의 원리 탐구

고온 초전도체의 메커니즘 해석

양자 정보처리 회로 설계

블랙홀이나 우주의 기원 같은 이론 모형의 실험적 검증

물리군 실험실 안에서 블랙홀을 만들 수 있다고요?

정교수 직접 만드는 건 아니고, 블랙홀과 수학적으로 대응하는 양자 계를 구현하는 거야. 이걸 통해 양자 얽힘, 열역학, 사건의 지평선 같은 개념을 실험으로 테스트할 수 있어. 양자 시뮬레이터는 물리학자가 가질 수 있는 가장 정교한 도구이자, 우주에 던지는 가장 근본적인 질문에 답할 수 있는 실험 장치야.

물리군 그런데 광학 격자는 뭐예요?

정교수 광학 격자는 서로 반대 방향으로 쏜 레이저 빔들이 간섭을 일으켜 만든 주기적인 빛의 세기 패턴이야. 이로 인해 마치 인공적인 '빛 결정'을 형성하는 것과 같은 환경을 만들지.

물리군 어디에 쓰이나요?

정교수 정밀한 시계를 만드는 데 사용할 수 있어. 광학 격자에 포획

된 원자를 기반으로 한 광시계는 전통적인 세슘 시계보다 정확도가

훨씬 높거든.

광학 격자 시계(출처: 2019 Katori et al.)

만남에 덧붙여

On a New Action of the Magnet on Electric Currents.

By E. H. Hall, *Fellow of the Johns Hopkins University.*

Sometime during the last University year, while I was reading Maxwell's Electricity and Magnetism in connection with Professor Rowland's lectures, my attention was particularly attracted by the following passage in Vol. II, p. 144:

"It must be carefully remembered, that the mechanical force which urges a conductor carrying a current across the lines of magnetic force, acts, not on the electric current, but on the conductor which carries it. If the conductor be a rotating disk or a fluid it will move in obedience to this force, and this motion may or may not be accompanied with a change of position of the electric current which it carries. But if the current itself be free to choose any path through a fixed solid conductor or a network of wires, then, when a constant magnetic force is made to act on the system, the path of the current through the conductors is not permanently altered, but after certain transient phenomena, called induction currents, have subsided, the distribution of the current will be found to be the same as if no magnetic force were in action. The only force which acts on electric currents is electromotive force, which must be distinguished from the mechanical force which is the subject of this chapter."

This statement seemed to me to be contrary to the most natural supposition in the case considered, taking into account the fact that a wire not bearing a current is in general not affected by a magnet and that a wire bearing a current is affected exactly in proportion to the strength of the current, while the size and, in general, the material of the wire are matters of indifference. Moreover in explaining the phenomena of statical electricity it is customary to say that charged bodies are attracted toward each other or the contrary solely by the attraction or repulsion of the charges for each other.

Soon after reading the above statement in Maxwell I read an article by Prof. Edlund, entitled *"Unipolar Induction"* (Phil. Mag., Oct., 1878, or Annales de Chemie et de Physique, Jan., 1879), in which the author evi-

세상에서 가장 쉬운 과학 수업 양자물질

dently assumes that a magnet acts upon a current in a fixed conductor just as it acts upon the conductor itself when free to move.

Finding these two authorities at variance, I brought the question to Prof. Rowland. He told me he doubted the truth of Maxwell's statement and had sometime before made a hasty experiment for the purpose of detecting, if possible, some action of the magnet on the current itself, though without success. Being very busy with other matters however, he had no immediate intention of carrying the investigation further.

I now began to give the matter more attention and hit upon a method that seemed to promise a solution of the problem. I laid my plan before Prof. Rowland and asked whether he had any objection to my making the experiment. He approved of my method in the main, though suggesting some very important changes in the proposed form and arrangement of the apparatus. The experiment proposed was suggested by the following reflection :

If the current of electricity in a fixed conductor is itself attracted by a magnet, the current should be drawn to one side of the wire, and therefore the resistance experienced should be increased.

To test this theory, a flat spiral of German silver wire was inclosed between two thin disks of hard rubber and the whole placed between the poles of an electromagnet in such a position that the lines of magnetic force would pass through the spiral at right angles to the current of electricity.

The wire of the spiral was about $\frac{1}{2}$ mm. in diameter, and the resistance of the spiral was about two ohms.

The magnet was worked by a battery of twenty Bunsen cells joined four in series and five abreast. The strength of the magnetic field in which the coil was placed was probably fifteen or twenty thousand times H, the horizontal intensity of the earth's magnetism.

Making the spiral one arm of a Wheatstone's bridge and using a low resistance Thomson galvanometer, so delicately adjusted as to betray a change of about one part in a million in the resistance of the spiral, I made, from October 7th to October 11th inclusive, thirteen series of observations, each of forty readings. A reading would first be made with the magnet active in a certain direction, then a reading with the magnet inactive, then one with the magnet active in the direction opposite to the first, then with the magnet inactive, and so on till the series of forty readings was completed.

Some of the series seemed to show a slight increase of resistance due to the action of the magnet, some a slight decrease, the greatest change indicated by any complete series being a decrease of about one part in a hundred and fifty thousand. Nearly all the other series indicated a very much smaller change, the average change shown by the thirteen series being a decrease of about one part in five millions.

Apparently, then, the magnet's action caused no change in the resistance of the coil.

But though conclusive, apparently, in respect to any change of resistance, the above experiments are not sufficient to prove that a magnet cannot affect an electric current. If electricity is assumed to be an incompressible fluid, as some suspect it to be, we may conceive that the current of electricity flowing in a wire cannot be forced into one side of the wire or made to flow in any but a symmetrical manner. The magnet may *tend* to deflect the current without being able to do so. It is evident, however, that in this case there would exist a state of stress in the conductor, the electricity pressing, as it were, toward one side of the wire. Reasoning thus, I thought it necessary, in order to make a thorough investigation of the matter, to test for a difference of potential between points on opposite sides of the conductor.

This could be done by repeating the experiment formerly made by Prof. Rowland, and which was the following:

A disk or strip of metal, forming part of an electric circuit, was placed between the poles of an electro-magnet, the disk cutting across the lines of force. The two poles of a sensitive galvanometer were then placed in connection with different parts of the disk, through which an electric current was passing, until two nearly equipotential points were found. The magnet current was then turned on and the galvanometer was observed, in order to detect any indication of a change in the relative potential of the two poles.

Owing probably to the fact that the metal disk used had considerable thickness, the experiment at that time failed to give any positive result. Prof. Rowland now advised me, in repeating this experiment, to use gold leaf mounted on a plate of glass as my metal strip. I did so, and, experimenting as indicated above, succeeded on the 28th of October in obtaining, as the effect of the magnet's action, a decided deflection of the galvanometer needle.

This deflection was much too large to be attributed to the direct action of the magnet on the galvanometer needle, or to any similar cause. It was, moreover, a permanent deflection, and therefore not to be accounted for by induction.

The effect was reversed when the magnet was reversed. It was not reversed by transferring the poles of the galvanometer from one end of the strip to the other. In short, the phenomena observed were just such as we should expect to see if the electric current were pressed, but not moved, toward one side of the conductor.

In regard to the direction of this pressure or tendency as dependent on the direction of the current in the gold leaf and the direction of the lines of magnetic force, the following statement may be made:

If we regard an electric current as a single stream flowing from the positive to the negative pole, *i. e.* from the carbon pole of the battery through the circuit to the zinc pole, in this case the phenomena observed indicate that two *currents*, parallel and in the same direction, tend to repel each other.

If, on the other hand, we regard the electric current as a stream flowing from the negtive to the positive pole, in this case the phenomena observed indicate that two *currents* parallel and in the same direction tend to attract each other.

It is of course perfectly well known that two *conductors*, bearing currents parallel and in the same direction, are drawn toward each other. Whether this fact, taken in connection with what has been said above, has any bearing upon the question of the absolute direction of the electric current, it is perhaps too early to decide.

In order to make some rough quantitative experiments, a new plate was prepared consisting of a strip of gold leaf about 2 cm. wide and 9 cm. long mounted on plate glass. Good contact was insured by pressing firmly down on each end of the strip of gold leaf a thick piece of brass polished on the under side. To these pieces of brass the wires from a single Bunsen cell were soldered. The portion of the gold leaf strip not covered by the pieces of brass was about $5\frac{1}{2}$ cm. in length and had a resistance of about 2 ohms. The poles of a high resistance Thomson galvanometer were placed in connection with points opposite each other on the edges of the strip of gold leaf and midway between the pieces of brass. The glass plate bearing the gold leaf was fastened, as the first one had been, by a soft cement to the flat end of one pole of the magnet, the other pole of the magnet being brought to within about 6 mm. of the strip of gold leaf.

The apparatus being arranged as above described, on the 12th of November a series of observations was made for the purpose of determining the variations of the observed effect with known variations of the magnetic force and the strength of current through the gold leaf.

The experiments were hastily and roughly made, but are sufficiently accurate, it is thought, to determine the law of variation above mentioned as well as the order of magnitude of the current through the Thomson galvanometer compared with the current through the gold leaf and the intensity of the magnetic field.

The results obtained are as follows:

Current through Gold Leaf Strip.	Strength of Magnetic Field.	Current through Thomson Galvanometer.	$\dfrac{C \times M}{c}$
$C.$	$M.$	$c.$	
.0616	11420 H	.00000000232	303000000000.
.0249	11240 "	085	329..........
.0389	11060 "	135	319..........
.0598	7670 "	147	312..........
.0595	5700 "	104	326..........

H is the horizontal intensity of the earth's magnetism $= .19$ approximately.

Though the greatest difference in the last column above amounts to about 8 per cent. of the mean quotient, yet it seems safe to conclude that with a given form and arrangement of apparatus the action on the Thomson galvanometer is proportional to the product of the magnetic force by the current through the gold leaf. This is not the same as saying that the effect on the Thomson galvanometer is under all circumstances proportional to the current which is passing between the poles of the magnet. If a strip of copper of the same length and breadth as the gold leaf but $\frac{1}{4}$ mm. in thickness is substituted for the latter, the galvanometer fails to detect any current arising from the action of the magnet, except an induction current at the moment of making or breaking the magnet circuit.

It has been stated above that in the experiments thus far tried the current apparently tends to move, without actually moving, toward the side of the conductor. I have in mind a form of apparatus which will, I think, allow the current to follow this tendency and move across the lines of magnetic force. If this experiment succeeds, one or two others immediately suggest themselves.

세상에서 가장 쉬운 과학 수업 양자물질

To make a more complete and accurate study of the phenomenon described in the preceding pages, availing myself of the advice and assistance of Prof. Rowland, will probably occupy me for some months to come.

BALTIMORE, *Nov. 19th, 1879.*

It is perhaps allowable to speak of the action of the magnet as setting up in the strip of gold leaf a new electromotive force at right angles to the primary electromotive force.

This new electromotive force cannot, under ordinary conditions, manifest itself, the circuit in which it might work being incomplete. When the circuit is completed by means of the Thomson galvanometer, a current flows.

The actual current through this galvanometer depends of course upon the resistance of the galvanometer and its connections, as well as upon the distance between the two points of the gold leaf at which the ends of the wires from the galvanometer are applied. We cannot therefore take the ratio of C and c above as the ratio of the primary and the transverse electromotive forces just mentioned.

If we represent by E' the difference of potential of two points a centimeter apart on the transverse diameter of the strip of gold leaf, and by E the the difference of potential of two points a centimeter apart on the longitudinal diameter of the same, a rough and hasty calculation for the experiments already made shows the ratio $\dfrac{E}{E'}$ to have varied from about 3000 to about 6500.

The transverse electromotive force E' seems to be, under ordinary circumstances, proportional to Mv, where M is the intensity of the magnetic field and v is the *velocity* of the electricity in the gold leaf. Writing for v the equivalent expression $\dfrac{C}{s}$ where C is the primary current through a strip of the gold leaf 1 cm. wide, and s is the area of section of the same, we have $E' \propto \dfrac{MC}{s}$.

November 22d, 1879.

논문 웹페이지

Physics. — *"Further experiments with liquid helium. C. On the change of electric resistance of pure metals at very low temperatures etc. IV. The resistance of pure mercury at helium temperatures."* By Prof. H. KAMERLINGH ONNES. Communication N°. 120^b from the Physical Laboratory at Leiden.

§ 1. *Introduction.* Since the appearance of the last Communication dealing with liquid helium temperatures (December 1910 liquid helium has been successfully transferred from the apparatus in which it was liquefied to another vessel connected with it, in which the measuring apparatus for the experiments could be immersed — in fact, to a *helium cryostat.* The arrangements adopted for this purpose which have been found to be quite reliable will be described in full detail in a subsequent Communication. In the meantime there is every reason for the publication of a preliminary note dealing only with the results of the first measurements made with this apparatus, in which I have once more obtained invaluable assistance from Dr. DORSMAN and Mr. G. HOLST. These results confirm and extend the conclusions drawn from the previous experiments upon the change with temperature of the resistance of metals. Moreover, it was, in the first place shown that liquid helium is an excellent insulator, a fact which had not hitherto been specifically established. This was of importance since the resistance measurements were made with naked wires, a method that is permissible only if the electrical conductivity of the liquid helium is inappreciable.

§ 2. *The resistance of gold at helium temperatures.* In the second place a link in the chain of reasoning which I adopted in § 3 of Communication N°. 119^B to show that the resistance of pure gold is already inappreciable at the boiling point of liquid helium has been put to the test by determining the resistance in liquid helium of the gold wire Au_{III}, which was then estimated by extrapolation on the analogy of the platinum measurements. Within the limits of experimental error, which are indeed greater for the present experiment than was the case for the others, that value is now supported by direct measurement. The conclusion that the resistance of pure gold within the limits of accuracy experimentally obtainable vanishes at helium temperatures is hereby greatly·strengthened.

§ 3. *The resistance of pure mercury.* The third most important determination was one of the resistance of mercury. In Communication N°. 119 a formula was deduced for the resistance of solid mercury; this formula was based upon the idea of resistance vibrators, and a suitable frequency v was ascribed to the vibrators wich makes $\beta v = a = 30$ (β = PLANCK's number 4.864×10^{-11}). From this it was concluded:

1. That the resistance of pure mercury would be found to be much smaller at the boiling point of helium than at hydrogen temperatures, although its accurate quantitative determination would still be obtainable by experiment; 2. that the resistance at that stage would not yet be independent of the temperature, and 3. that at very low temperatures such as could be obtained by helium evaporating under reduced pressure the resistance would, within the limits of experimental accuracy, become zero.

Experiment has completely confirmed this forecast. While the resistance at 13°.9 K is still 0.034 times the resistance of solid mercury extrapolated to 0°C. at 4°.3 K, it is only 0.0013, while at 3° K it falls to less than 0.0001.

The fact, experimentally established, that a pure metal can be brought to such a condition that its electrical resistance becomes zero, or at least differs inappreciably from that value, is certainly of itself of the highest importance. The confirmation of my forecast[1]) of this behaviour affords strong support to the opinion to which I had been led that the resistance of pure metals (at least of platinum, gold, mercury, and such like) is a function of the PLANCK vibrators in a state of radiation equilibrium. (Such vibrators were applied by EINSTEIN to the theory of the specific heats of solid substances, and by NERNST to the specific heats of gases).

With regard to the value of the frequency of the resistance vibrators assumed before (one could try to obtain frequencies from resistances) it is certainly worth noting that the wave-length in vacuo which corresponds with the period of the mercury resistance vibrators is about 0.5 mm., while RUBENS has just found that a mercury lamp emits vibrations of very long wave-length of about 0.3 mm. In this way a connection is unexpectedly revealed between the change with the temperature of the electrical resistance of metals and their long wave emission.

The results just given for the resistance of mercury are, since they are founded upon a single experiment, communicated with all reserve.

---

[1]) In connection with its deduction it is to be noted that the gold-silver thermo-element behaved in liquid helium quite so as the experiments in liquid hydrogen (KAMERLINGH ONNES and CLAY, Comm. N°. 107b) made expect.

     세상에서 가장 쉬운 과학 수업 양자물질

While I hope to publish a more detailed description of the investigation which has led to these results in the near future, and while new experiments are being prepared, which will enable me to attain a greater degree of accuracy, it seemed to me desirable to indicate briefly the present position of the problem [1]).

[1]) That this is justified is apparent from important papers which I have just received as this goes to press; in one NERNST extends the investigation referred to in Comm. N°. 119 of the specific heats and is also independently led to assume a connection between the energy of vibrators and electrical resistance, and in the other this hypothesis is further developed by LINDEMANN.

E R R A T A.

In the Proceedings of the Meeting of March 25, 1911.

p. 1097 l. 4 from the top: for these   read the very small
       „ 6 „   „   „   „ follow „ differ from those
„ 1112 „ 19 „   „   „   „ 104   „ 108
„ 1113 „ 4 „   „   „   „ 379.86 „ 372.86
       „ 13 „   „ bottom: „ 77.29   „ 77.93
                             „ 20.8   „ 20.18
       „ 11 „   „   „   „ 0.264 „ 0.279

(May 26, 1911)

Microscopic Theory of Superconductivity*

J. Bardeen, L. N. Cooper, and J. R. Schrieffer

Department of Physics, University of Illinois, Urbana, Illinois
(Received February 18, 1957)

SINCE the discovery of the isotope effect, it has been known that superconductivity arises from the interaction between electrons and lattice vibrations, but it has proved difficult to construct an adequate theory based on this concept. As has been shown by Fröhlich,[1] and in a more complete analysis by Bardeen and Pines[2] in which Coulomb effects were included, interactions between electrons and the phonon field lead to an interaction between electrons which may be expressed in the form

$$H_I = \sum_{k,k',s,s'} \frac{\hbar\omega |M_\kappa|^2}{(E_k - E_{k'})^2 - (\hbar\omega)^2}$$

$$\times c^*_{k'-\kappa,\, s'} c_{k',\, s'} c^*_{k+\kappa,\, s} c_{k,\, s} + H_{\mathrm{Coul}}, \quad (1)$$

where $|M_\kappa|^2$ is the matrix element for the electron-phonon interaction for the phonon wave vector κ, calculated for the zero-point amplitude of the vibrations, the c's are creation and destruction operators for the electrons in the Bloch states specified by the wave vector k and spin s, and H_{Coul} represents the screened Coulomb interaction.

Early attempts[3] to construct a theory were based essentially on the self-energy of the electrons, although it was recognized that a true interaction between electrons probably played an essential role. These theories gave the isotope effect, but contained various difficulties, one of which was that the calculated energy difference between what was thought to represent normal and superconducting states was far too large. It is now believed that the self-energy occurs in the normal state, and results in a slight shift of the energies of the Bloch states and a renormalization of the matrix elements.

The present theory is based on the fact that the phonon interaction is negative for $|E_k - E_{k'}| < \hbar\omega$. We believe that the criterion for superconductivity is essentially that this negative interaction dominate over the matrix element of the Coulomb interaction, which for free electrons in a volume Ω is $2\pi e^2/\Omega\kappa^2$. In the Bohm-Pines[4] theory, the minimum value of κ is κ_c, somewhat less than the radius of the Fermi surface. This criterion may be expressed in the form

$$-V = \langle -(|M_\kappa|^2/\hbar\omega) + (4\pi e^2/\Omega\kappa^2) \rangle_{Av} < 0. \qquad (2)$$

Although based on a different principle, this criterion is almost identical with the one given by Fröhlich.[1,3]

If one has a Hamiltonian matrix with predominantly negative off-diagonal matrix elements, the ground state, $\Psi = \sum \alpha_j \varphi_j$, is a linear combination of the original basic states with coefficients predominantly of one sign. A particularly simple example is one for which the original states are degenerate and each state is connected to n other states by the same matrix element $-V$. The ground state, a sum of the original set with equal coefficients, is lowered in energy by $-nV$. One of the authors made use of this principle to construct a wave function for a single pair of electrons excited above the Fermi surface and found that for a negative interaction a bound state is formed no matter how weak the interaction.[5]

Because of the Fermi-Dirac statistics, difficulties are encountered if one tries to apply this principle directly to (1). Matrix elements of H_I between states specified by occupation numbers (Slater determinants) in general may be of either sign. We want to pick out a subset of these between which matrix elements are always of the same sign. This may be done by occupying the individual particle states in pairs, such that if one of the pair is occupied, the other is also. The pairs should be chosen so that transitions between them are possible, i.e., they all have the same total momentum. To form the ground state, the best choice is $k\uparrow, -k\downarrow$, since exchange terms reduce the matrix elements between states of parallel spin. To form a state with a net current flow, one might take a pairing $\mathbf{k}\uparrow$, $-\mathbf{k}+\mathbf{q}\downarrow$, where $\mathbf{q}$ is a small wave vector, the same for all $\mathbf{k}$ and such that both states are within the range of energy $\hbar\omega$. The occupation of the pairs may be specified by a single spin-independent occupation number, $m_k=0$ or 1. Nonvanishing matrix elements connect configurations which differ in only one of the occupied pairs.[6] It is often convenient to specify occupation in terms of electron pairs above the Fermi surface and hole pairs below.

The best wave function of this form will be a linear combination

$$\Psi = \sum_{\mathbf{k}_1\cdots\mathbf{k}_n} b(\mathbf{k}_1\cdots\mathbf{k}_n)f(\cdots m_{\mathbf{k}_1}\cdots m_{\mathbf{k}_n}\cdots), \qquad (3)$$

where the sum is over all possible configurations. In our calculations, we have made a Hartree-like approximation and replaced b by $b(k_1)b(k_2)\cdots b(k_n)$. We have also assumed an isotropic Fermi surface [so that $b(k)$ depends only on the energy ϵ of the Bloch state involved], and that V is the same for all transitions within a constant energy $\hbar\omega$ of the Fermi surface, $\epsilon=0$. A direct calculation gives for the interaction energy

$$W_I = -4[N(0)]^2 V \int_0^{\hbar\omega}\int_0^{\hbar\omega} \Gamma(\epsilon)\Gamma(\epsilon')d\epsilon d\epsilon', \qquad (4)$$

where $N(0)$ is the density of states at the Fermi surface. The kinetic energy measured from the Fermi sea is

$$W_K = 4N(0) \int_0^{\hbar\omega} g(\epsilon)\epsilon d\epsilon, \qquad (5)$$

where $g(\epsilon)$ is the probability that a given state of energy ϵ is occupied by a pair, and

$$\Gamma(\epsilon) = \{g(\epsilon)[1-g(\epsilon)]\}^{\frac{1}{2}}. \qquad (6)$$

One may interpret the factor $\Gamma(\epsilon)\Gamma(\epsilon')$ as representing the effect of the exclusion principle on restricting the number of configurations which are connected to a given typical configuration. Matrix elements corresponding to $\mathbf{k}\rightarrow\mathbf{k}'$ are possible only if the state $\mathbf{k}$ is occupied and $\mathbf{k}'$ unoccupied in the initial configuration and $\mathbf{k}'$ occupied and $\mathbf{k}$ unoccupied on the final configuration. The probability that this occurs is

$$g(\epsilon)[1-g(\epsilon')]g(\epsilon')[1-g(\epsilon)]=[\Gamma(\epsilon)]^2[\Gamma(\epsilon')]^2. \quad (7)$$

Since matrix elements have probability amplitudes rather than probabilities, the square root of (7) occurs in (4).

A variational calculation to determine the best $g(\epsilon)$ gives

$$W=W_I+W_K=-\frac{2N(0)(\hbar\omega)^2}{\exp[2/N(0)V]-1}. \quad (8)$$

Thus if there is a net negative interaction, no matter how weak, there is a condensed state in which pairs are virtually excited above the Fermi surface. The product $N(0)V$ is independent of isotopic mass and of volume. The energy W varies as $(\hbar\omega)^2$, in agreement with the isotope effect. It should be noted that (8) cannot be obtained in any finite order of perturbation theory. The energy gain comes from a coherence of the electron wave functions with lattice vibrations of short wavelength, and does not represent a condensation in real space.

Empirically, energies are of the order of magnitude of $N(0)(kT_c)^2$, and of course kT_c is much less than an average phonon energy $\hbar\omega$. According to our theory, this will occur if $N(0)V<1$, a not unreasonable assumption. In this weak-coupling limit, the energy may be expressed simply in terms of the number of electrons, n_c, virtually excited in coherent pairs above the Fermi surface at $T=0°K$

$$W=-\tfrac{1}{2}n_c^2/N(0), \quad (9)$$

where

$$n_c = 2N(0)\hbar\omega \exp[-1/N(0)V]. \qquad (10)$$

It is a great advantage energy-wise to include in the ground state wave function only pairs with the same total momentum. Suppose that instead one had chosen a random pairing, $\mathbf{k}_1\uparrow$, $\mathbf{k}_2\downarrow$, with $\mathbf{k}_1+\mathbf{k}_2=\mathbf{q}$ and consider a typical matrix element $(\mathbf{k}_1,\mathbf{k}_2|H_I|\mathbf{k}_1'\mathbf{k}_2')$ which vanishes unless $\mathbf{k}_1'+\mathbf{k}_2'=\mathbf{q}'=\mathbf{q}$. We shall assume that the $\mathbf{q}$'s of all pairs are small so that if $\mathbf{k}_1$ and $\mathbf{k}_2$ are both within $\hbar\omega$ of the Fermi surface, so are $\mathbf{k}_1'$ and $\mathbf{k}_2'$. If we construct a wave function made up of a linear combination of states with such virtual excited pairs and determine the interaction energy, we would find an expression similar to (4) but with (7) replaced by the much smaller quantity:

$$g(\epsilon_1)g(\epsilon_2)[1-g(\epsilon_1')][1-g(\epsilon_2')]g(\epsilon_1')$$
$$\times g(\epsilon_2')[1-g(\epsilon_1)][1-g(\epsilon_2)]. \qquad (11)$$

The pairing $\mathbf{k}_2=-\mathbf{k}_1$ corresponds to $\mathbf{q}=0$ for all pairs and insures that if $\mathbf{k}_1'$ is unoccupied, so is $\mathbf{k}_2'$. This is also true if all pairs have the same $\mathbf{q}$.

Wave functions corresponding to individual particle excitations may be made of linear combinations of states in which certain occupation numbers, corresponding to real excited electrons or holes, are specified and the rest are used to make all possible combinations of virtual excitations of $\mathbf{k}\uparrow$, $-\mathbf{k}\downarrow$ pairs. Because of the reduction in phase space available to the pairs, the interaction energy is reduced in magnitude. For small excitations the consequent increase in total energy is proportional to the number of excited electrons. This means that a finite energy is required to excite an electron from the ground state. The same applies to real excited $\mathbf{k}$, $-\mathbf{k}$ pairs. If $f(\epsilon)$ is the probability that a Bloch state of energy ϵ is occupied by an excited electron above the Fermi sea, and $1-f(-\epsilon)$ the probability that there is a hole below, one finds for the interaction energy an expression similar to (4) but with $[\Gamma(\epsilon)]^2$ replaced by $g(\epsilon)\{1-[f(\epsilon)]^2-g(\epsilon)\}$. For small excitations above $T=0°\mathrm{K}$, the total pair energy

세상에서 가장 쉬운 과학 수업 양자물질

may be expressed in the weak-coupling limit as

$$W = -\frac{n_c^2}{2N(0)}\left(1 - \frac{4n_e}{n_c}\right), \quad n_e \ll n_c, \qquad (12)$$

where n_c is the number of electrons in the virtually excited states at $T=0$ and n_e is the number of actually excited electrons. This leads to an energy gap[7] (i.e., the energy required to create an electron-hole pair):

$$E_G = \partial W/\partial n_e = 2n_c/N(0) \quad \text{at} \quad T=0°\text{K}. \qquad (13)$$

Taking the empirical $W = -H_c^2/8\pi$ and estimating $N(0)$ from the electronic specific heat, we find $E_G = k \times 13.8°\text{K}$ for tin. This is to be compared with the experimental value of about $k \times 11.2°\text{K}$. Calculations are under way to determine the thermal properties at higher temperatures.

Advantages of the theory are (1) It leads to an energy-gap model of the sort that may be expected to account for the electromagnetic properties.[8] (2) It gives the isotope effect. (3) An order parameter, which might be taken as the fraction of electrons above the Fermi surface in virtual pair states, comes in a natural way. (4) An exponential factor in the energy may account for the fact that kT_c is very much smaller than $\hbar\omega$. (5) The theory is simple enough so that it should be possible to make calculations of thermal, transport, and electromagnetic properties of the superconducting state.

* This work was supported in part by the Office of Ordnance Research, U. S. Army. One of us (J.R.S.) wishes to thank the Corning Glass Works Foundation for a grant which aided in the support of this work.

[1] H. Fröhlich, Phys. Rev. **79**, 845 (1950); Proc. Roy. Soc. (London) **A215**, 291 (1952).

[2] J. Bardeen and D. Pines, Phys. Rev. **99**, 1140 (1955).

[3] For reviews of this work, mainly by Fröhlich and by Bardeen, see J. Bardeen, Revs. Modern Phys. **23**, 261 (1951); *Handbuch der Physik* (Springer-Verlag, Berlin, 1956), Vol. 15, p. 274.

[4] See D. Pines, *Solid State Physics* (Academic Press, Inc., New York, 1955), Vol. 1, p. 367.

[5] L. N. Cooper, Phys. Rev. **104**, 1189 (1956).

[6] This looks deceptively like a one-particle problem, but is not, because of the peculiar statistics involved. The pairs cannot be treated as bosons.

[7] Some references to experimental evidence for an energy gap are R. E. Glover and M. Tinkham, Phys. Rev. **104**, 844 (1956); M. Tinkham, Phys. Rev. **104**, 845 (1956); Blevins, Gordy, and Fairbank, Phys. Rev. **100**, 1215 (1955); Corak, Goodman, Satterthwaite, and Wexler, Phys. Rev. **102**, 656 (1956); W. S. Corak and C. B. Satterthwaite, Phys. Rev. **102**, 662 (1956).

[8] J. Bardeen, Phys. Rev. **97**, 1724 (1955).

논문 웹페이지

New Method for High-Accuracy Determination of the Fine-Structure Constant Based on Quantized Hall Resistance

K. v. Klitzing

Physikalisches Institut der Universität Würzburg, D-8700 Würzburg, Federal Republic of Germany, and Hochfeld-Magnetlabor des Max-Planck-Instituts für Festkörperforschung, F-38042 Grenoble, France

and

G. Dorda

Forschungslaboratorien der Siemens AG, D-8000 München, Federal Republic of Germany

and

M. Pepper

Cavendish Laboratory, Cambridge CB3 0HE, United Kingdom
(Received 30 May 1980)

Measurements of the Hall voltage of a two-dimensional electron gas, realized with a silicon metal-oxide-semiconductor field-effect transistor, show that the Hall resistance at particular, experimentally well-defined surface carrier concentrations has fixed values which depend only on the fine-structure constant and speed of light, and is insensitive to the geometry of the device. Preliminary data are reported.

PACS numbers: 73.25.+i, 06.20.Jr, 72.20.My, 73.40.Qv

In this paper we report a new, potentially high-accuracy method for determining the fine-structure constant, α. The new approach is based on the fact that the degenerate electron gas in the inversion layer of a MOSFET (metal-oxide-semiconductor field-effect transistor) is fully quantized when the transistor is operated at helium temperatures and in a strong magnetic field of order 15 T.[1] The inset in Fig. 1 shows a schematic diagram of a typical MOSFET device used in this work. The electric field perpendicular to the surface (gate field) produces subbands for the motion normal to the semiconductor-oxide interface, and the magnetic field produces Landau quantization of motion parallel to the interface. The density of states $D(E)$ consists of broadened δ functions[2]; minimal overlap is achieved if the magnetic field is sufficiently high. The number of states, N_L, within each Landau level is given by

$$N_L = eB/h, \tag{1}$$

where we exclude the spin and valley degeneracies. If the density of states at the Fermi energy, $N(E_F)$, is zero, an inversion layer carrier cannot be scattered, and the center of the cyclotron orbit drifts in the direction perpendicular to the electric and magnetic field. If $N(E_F)$ is finite but small, an arbitrarily small rate of scattering cannot occur and localization produced by the long lifetime is the same as a zero scattering rate, i.e., the same absence of current-carrying states occurs.[3] Thus, when the Fermi level is between

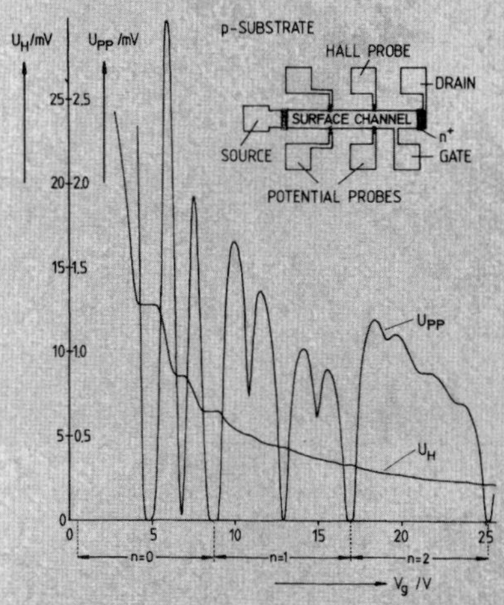

FIG. 1. Recordings of the Hall voltage U_H, and the voltage drop between the potential probes, U_{pp}, as a function of the gate voltage V_g at $T = 1.5$ K. The constant magnetic field (B) is 18 T and the source drain current, I, is 1 μA. The inset shows a top view of the device with a length of $L = 400$ μm, a width of $W = 50$ μm, and a distance between the potential probes of $L_{pp} = 130$ μm.

Landau levels the device current is thermally activated and the minima in σ_{xx}, $\sigma_{xx}{}^{\min}$, can be less than $10^{-7}\sigma_{xx}{}^{\max}$.[4] Increasing the magnetic field and decreasing the temperature, further decreases $\sigma_{xx}{}^{\min}$. The Hall conductivity σ_{xy}, which is usually a complicated function of the scattering process, becomes very simple in the absence of scattering and is given by[2]

$$\sigma_{xy} = -Ne/B, \tag{2}$$

where N is the carrier concentration.

The correction term to the above relation, $\Delta\sigma_{xy}$, is of the order of $\sigma_{xx}/\omega\tau$, where ω is the cyclotron frequency and τ is the relaxation time of the conduction electrons; $\omega\tau \gg 1$ in strong magnetic fields. When the Fermi energy is between Landau levels, and $\sigma_{xx}{}^{\min} \sim 10^{-7}\sigma_{xx}{}^{\max}$, the correction $\Delta\sigma_{xy}/\sigma_{xy} < 10^{-8}$. Subject to any error imposed by $\Delta\sigma_{xy}$, when a Landau level is fully occupied and $N = N_L i$ $(i = 1, 2, 3, \ldots)$, σ_{xy} is immediately given from Eqs. (1) and (2):

$$-\sigma_{xy} = e^2 i/h. \tag{3}$$

The Hall resistivity $\rho_{xy} = -\sigma_{xy}/(\sigma_{xx}{}^2 + \sigma_{xy}{}^2) \approx -\sigma_{xy}{}^{-1}$ is defined by E_H/j (E_H = Hall field, j = current density) and can be rewritten R_H/I, where R_H is the Hall resistance, U_H the Hall voltage and I the current. Thus, $R_H = h/e^2 i$, which may finally be written as[5]

$$R_H = \alpha^{-1}\mu_0 c/2i, \tag{4}$$

where μ_0 is the permeability of vacuum and exactly equal to $4\pi \times 10^{-7}$ H m^{-1}, c is the speed of light in vacuum and equal to $299\,792\,458$ m s^{-1} with a current uncertainty[5] of 0.004 ppm and $\alpha \approx \frac{1}{137}$ is the fine-structure constant. It is clear from Eq. (4) that a high-accuracy measurement of the Hall resistance in SI units will give a value of α with essentially the same accuracy. Since resistances can be determined in SI units to a few parts in 10^8 by means of the so-called calculable cross capacitor by Thompson and Lampard,[6] the question of absolute units versus as-maintained units is much less of a problem than in the determination of e/h from the ac Josephson effect. Furthermore, the magnitude of R_H falls within a relatively convenient range: $R_H \approx (25\,813\ \Omega)/i$, with i typically between 2 and 8. Finally, we note that if α is assumed to be known from some other experiment (for example, from $2e/h$ and the proton gyromagnetic ratio γ_p), Eq. (4) may be used to derive a known standard resistance.

Two well-known corrections in the low-field Hall effect become unimportant. The first is the correction due to the shorting of the Hall voltage by the source and drain contacts.[7] This is important at low fields for samples with length-to-width ratio, L/W, less than 4, but becomes negligible when the Hall angle is 90°, i.e., $\sigma_{xx} = 0$.[8] The second correction which becomes unimportant is that due to an inexact alignment of the Hall probes, i.e., they are not exactly opposite: This is irrelevant, as the voltage drop along the sample vanishes when $\sigma_{xx} = 0$.[9]

The experiments were carried out on MOS devices with a range of oxide thicknesses ($d_{ox} = 100$ nm–400 nm), and length-to-width ratios ranging from $L/W = 25$ to $L/W = 0.65$. All the transistors were fabricated on the (100) surface orientation and, typically, the p-type substrate had room temperature resistivity of $10\ \Omega$ cm. The resistivity at helium temperature was higher than 10^{13} Ω cm, and no current flow between source and drain around the channel could be measured. The long devices ($L/W > 8$) had potential probes in addition to the Hall probes.

A typical recording of the measured Hall voltage U_H, and the voltage between the potential probes U_{pp}, as a function of the gate voltage is shown in Fig. 1. These results were obtained at a constant magnetic field of $B = 18$ T, a temperature of 1.5 K and a constant source drain current of $I = 1$ μA. Relevant device parameters were $L = 400$ μm, $W = 50$ μm and the distance between potential probes was about 130 μm.

The measured voltage U_{pp} is proportional to the resistivity component $\rho_{xx} = \sigma_{xx}[\rho_{xx}{}^2 + \rho_{xy}{}^2]$. At gate voltages where the E_F is in the energy gap between Landau levels, minima in both σ_{xx} and ρ_{xx} are observed.[9] Such minima are clearly visible, and are identified, in Fig. 1; the minima due to the lifting of the spin and the (twofold) valley degeneracy are also apparent. The Hall voltage clearly levels off at those values of carrier concentration where σ_{xx} and ρ_{xx} are zero. The values of U_H obtained in the regions are in good agreement with the predicted values, Eq. (4), if the error due to the 1-MΩ input impedance of the X-Y recorder is taken into account. It was found that the value of U_H in the "steps" was, for instance current, independent of sample geometry and direction of magnetic field, provided that σ_{xx} was zero.

An area of possible criticism of the theoretical basis of this experiment, is the role of carriers which are localized outside the main Landau level. Here we do not specify the localization mechanism, but the presence of localized carriers will invalidate both the relation $N = N_L$ and Eq. (4). However, the experimental results strongly suggest that such carriers do not invalidate Eq. (4). At present there is both theoretical and experimental investigation of this type of localization.[3,4,9-12] Ando[2] has suggested that the electrons in impurity bands, arising from short range scatterers, do not contribute to the Hall current; whereas the electrons in the Landau level give rise to the same Hall current as that obtained when all the electrons are in the level and can move freely. Clearly this process must be occuring but its range of validity must be carefully examined as an accompaniment to highly accurate measurements of Hall resistance.

For high-precision measurements we used a normal resistance R_0 in series with the device. The voltage drop, U_0, across R_0, and the voltages U_H and U_{pp} across and along the device was measured with a high impedance voltmeter ($R > 2 \times 10^{10}$ Ω). The resistance R_0 was calibrated by the Physikalisch Technische Bundesanstalt, Braunschweig, and had a value of $R_0 = 9999.69$ Ω at a temperature of 20 °C. A typical result of the measured Hall resistance $R_H = U_H / I = U_H R_0 / U_0$, and the resistance, $R_{pp} = U_{pp} R_0 / U_0$, between the potential probes of the device is shown in Fig. 2 ($B = 13$ T, $T = 1.8$ K). The minimum in σ_{xx} at $V_g = 23.6$ V corresponds to the minimum at $V_g = 8.7$ V in Fig. 1, because the thicknesses of the gate oxides of these two samples differ by a factor of 3.6. Our experimental arrangement was not sensitive enough to measure a value of R_{pp} of less than 0.1 Ω which was found in the gate-voltage region 23.40 V $< V_g <$ 23.80 V. The Hall resistance in this gate voltage region had a value of 6453.3 ± 0.1 Ω. This inaccuracy of ± 0.1 Ω was due to the limited sensitivity of the voltmeter. We would like to mention that most of the samples, especially devices with a small length-to-width ratio, showed a minimum in the Hall voltage as a function of V_g at gate voltage close to the left side of the plateau. In Fig. 2, this minimum is relatively shallow and has a value of 6 452.87 Ω at $V_g = 23.30$ V.

In order to demonstrate the insensitivity of the Hall resistance on the geometry of the device, measurements on two samples with a length-to-width ratio of $L/W = 0.65$ and $L/W = 25$, respectively, are plotted in Fig. 3. The gate-voltage scale

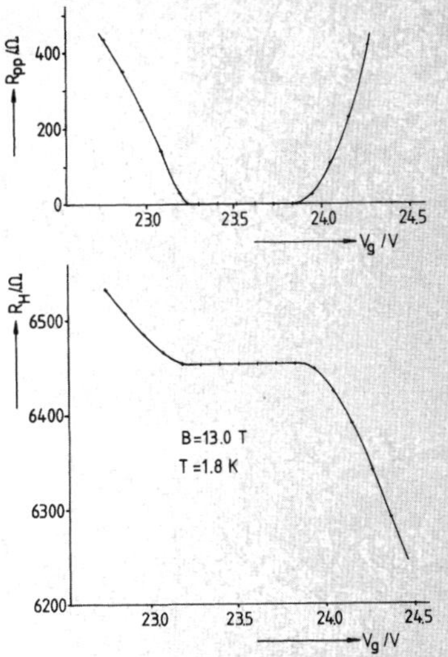

FIG. 2. Hall resistance R_H, and device resistance, R_{pp}, between the potential probes as a function of the gate voltage V_g in a region of gate voltage corresponding to a fully occupied, lowest ($n = 0$) Landau level. The plateau in R_H has a value of 6453.3 ± 0.1 Ω. The geometry of the device was $L = 400$ μm, $W = 50$ μm, and $L_{pp} = 130$ μm; $B = 13$ T.

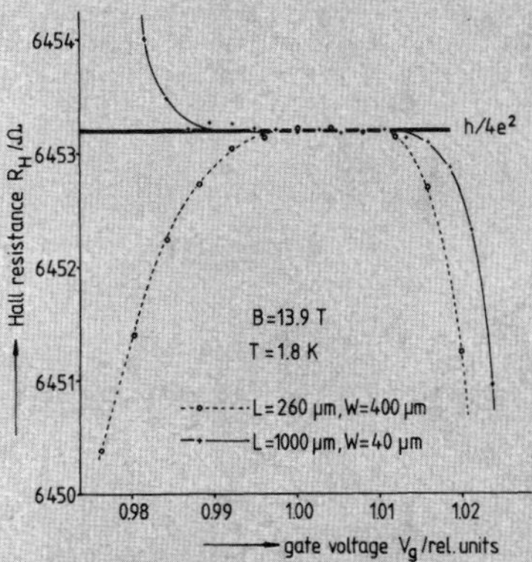

FIG. 3. Hall resistance R_H for two samples with different geometry in a gate-voltage region V_g where the $n = 0$ Landau level is fully occupied. The recommended value $h/4e^2$ is given as 6453.204 Ω.

is given in arbitrary units, and is different for the two samples because the thicknesses of the gate oxides are different. A gate voltage $V_g = 1.00$ corresponds, approximately, to a surface carrier concentration where the first fourfold-degenerate Landau level, $n = 0$, is completely filled. Within the experimental accuracy of 0.1 Ω, the same value for the plateau in the Hall resistance is measured. The value for $h/4e^2 = 6\,453.204 \pm 0.005\ \Omega$ based on the recommended value for the fine-structure constant[5] is plotted in this figure, too. The decrease of the Hall resistance with decreasing gate voltage for the sample with $L/W = 0.65$ originates mainly from the shorting of the Hall voltage at the contacts. This effect is most pronounced when the Hall angle becomes smaller than 90°. In the limit of small Hall angles, the Hall voltage is reduced by a factor of 2 for the sample with $L/W = 0.65$.[7]

The mean value of the Hall resistance for all samples investigated was $6453.22 \pm 0.10\ \Omega$ for measurements in the energy gap between the Landau levels $n = 0$ and $n = 1$ (corresponding to $i = 4$ in Eq. 4), $3226.62 \pm 0.10\ \Omega$ for measurements in the energy gap between Landau levels $n = 1$ and $n = 2$ $(i = 8)$, and $12\,906.5 \pm 1.0\ \Omega$ for measurements in the energy gap between the spin split levels with $n = 0$ $(i = 2)$. These resistances agree very well with the calculated values $h/e^2 i$ based on the recently reported[13] highly accurate value of $\alpha^{-1} = 137.035\,963(15)$ (0.11 ppm).

Measurements with a voltmeter with higher resolution and a calibrated standard resistor with a vanishing small temperature coefficient at $T = 25\,°C$ yield a value of $h/4e^2 = 6453.17 \pm 0.02\ \Omega$

corresponding to a fine-structure constant of $\alpha^{-1} = 137.0353 \pm 0.0004$.

We would like to thank the Physikalisch Technische Bundesanstalt, Braunschweig, for experimental support and E. R. Cohen, Th. Englert, V. Kose, G. Landwehr, and B. N. Taylor for valuable discussions. One of us (M.P.) would like to thank the European Research Office of the U. S. Army for partial support.

---

[1] For a review see for example: F. Stern, Crit. Rev. Solid State Sci. 5, 499 (1974); G. Landwehr, in *Advances in Solid State Physics: Festkörperprobleme*, edited by H. J. Queisser (Pergamon, New York-Vieweg, Braunschweig, 1975), Vol. 15, p. 48.

[2] T. Ando, J. Phys. Soc. Jpn. 37, 622 (1974).

[3] H. Aoki and H. Kamimura, Solid State Commun. 21, 45 (1977).

[4] R. J. Nicholas, R. A. Stradling, and R. J. Tidey, Solid State Commun. 23, 341 (1977).

[5] E. R. Cohen and B. N. Taylor, J. Phys. Chem. Ref. Data 2, 633 (1973).

[6] A. M. Thompson and D. G. Lampard, Nature (London) 177, 888 (1956).

[7] I. Isenberg, B. R. Russel, and F. R. Greene, Rev. Sci. Instrum. 19, 685 (1948).

[8] R. F. Wick, J. Appl. Phys. 25, 741 (1954).

[9] Th. Englert and K. V. Klitzing, Surf. Sci. 73, 71 (1978).

[10] S. Kawaji and J. Wakabayashi, Surf. Sci. 58, 238 (1976).

[11] M. Pepper, Philos. Mag. 37B, 83 (1978).

[12] S. Kawaji, Surf. Sci. 73, 46 (1978).

[13] E. R. Williams and P. T. Olsen, Phys. Rev. Lett. 42, 1575 (1979).

세상에서 가장 쉬운 과학 수업 양자물질

논문 웹페이지

Model for a Quantum Hall Effect without Landau Levels: Condensed-Matter Realization of the "Parity Anomaly"

F. D. M. Haldane

Department of Physics, University of California, San Diego, La Jolla, California 92093
(Received 16 September 1987)

A two-dimensional condensed-matter lattice model is presented which exhibits a nonzero quantization of the Hall conductance σ^{xy} in the *absence* of an external magnetic field. Massless fermions *without spectral doubling* occur at critical values of the model parameters, and exhibit the so-called "parity anomaly" of (2+1)-dimensional field theories.

PACS numbers: 05.30.Fk, 11.30.Rd

The quantum Hall effect[1] (QHE) in two-dimensional (2D) electron systems is usually associated with the presence of a uniform externally generated magnetic field, which splits the spectrum of electron energy levels into Landau levels. In this Letter I show how, in principle, a QHE may also result from breaking of time-reversal symmetry (i.e., magnetic ordering) *without* any net magnetic flux through the unit cell of a periodic 2D system. In this case, the electron states retain their usual Bloch state character.

The model presented here is also interesting in that if its parameters are on a critical line at which its ground state changes from the normal semiconductor state to this new type of QHE state, its low-energy states simulate a "(2+1)-dimensional" relativistic quantum field theory exhibiting the so-called "parity anomaly"[2] and a (2+1)-D analog of "chiral" fermions *without* the opposite-chirality anomaly-canceling partners[3] that usually accompany them in lattice realizations of field theories ("fermion doubling").

In the zero-temperature limit, the transverse conductivity σ^{xy} of a periodic 2D electron system with a gap in the single-particle density of states at the Fermi level takes quantized values $\nu e^2/h$, where ν is generally rational, but can only take *integer* values in the absence of electron interactions.[4] This property of a pure system is stable against sufficiently weak disorder effects. Since σ^{xy} is odd under time reversal, a nonzero value can only occur if time-reversal invariance is broken.

In the usual QHE, the gap at the Fermi level results from the splitting of the spectrum into Landau levels by an external magnetic field. The scenario considered here is different, and involves a 2D semimetal where there is a degeneracy at isolated points in the Brillouin zone between the top of the valence band and the bottom of the conduction band, that is associated with the presence of both inversion symmetry and time-reversal invariance. If inversion symmetry is broken, a gap opens and the system becomes a normal semiconductor ($\nu = 0$), but if the gap opens because time-reversal invariance is broken the system becomes a $\nu = \pm 1$ integer QHE state. If both perturbations are present, their relative strengths determine which type of state is realized.

To model a 2D semimetal, I use the "2D graphite" model investigated previously by Semenoff[5] as a possible lattice realization of a (2+1)-D field theory with the anomaly. 2D graphite has the honeycomb net structure, consisting of two interpenetrating triangular lattices ("A" and "B" sublattices) with one lattice point of each type per unit cell (Fig. 1). A 2D inversion (i.e., a rotation in the plane by π) interchanges the two sublattices. Since spin-orbit coupling effects will not be included, the electron spin will (for the moment) be suppressed.

Semenoff[5] investigated the tight-binding model with one orbital per site and a real hopping matrix element t_1 between nearest neighbors on different sublattices, and also considered the effect of an inversion-symmetry-breaking on-site energy $+M$ on A sites and $-M$ on B sites. The model has point group C_{6v} ($M=0$) or C_{3v} ($M \neq 0$). In this original version of the model, time-reversal invariance is present, and Semenoff[5] found complete cancellation of the anomaly in the $M=0$ model due to fermion doubling, and normal semiconductor behavior for $M \neq 0$.

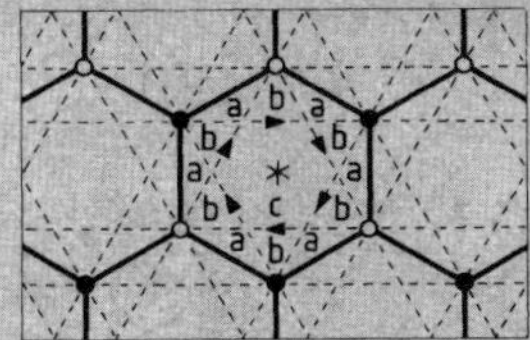

FIG. 1. The honeycomb-net model ("2D graphite") showing nearest-neighbor bonds (solid lines) and second-neighbor bonds (dashed lines). Open and solid points, respectively, mark the A and B sublattice sites. The Wigner-Seitz unit cell is conveniently centered on the point of sixfold rotation symmetry (marked "$*$") and is then bounded by the hexagon of nearest-neighbor bonds. Arrows on second-neighbor bonds mark the directions of positive phase hopping in the state with broken time-reversal invariance.

I now include a second real hopping term t_2 between second-neighbor sites (i.e., between nearest-neighbor sites on the *same* sublattice). This does not change the space group, though it does eliminate a particle-hole symmetry of the energy bands of the original model. To break time-reversal invariance, I also add a periodic local magnetic-flux density $B(\mathbf{r})$ in the $\hat{z}$ direction normal to the 2D plane, with the full symmetry of the lattice, and with *zero total flux through the unit cell*.

Since the net flux per unit cell vanishes, the vector potential $A(\mathbf{r})$ can be chosen to be periodic. The effect of this local field is to multiply the matrix element for hopping between sites by the unimodular phase factor $\exp[i(e/\hbar)\int A\cdot d\mathbf{r}]$ where the integral is along the hopping path, which I take to be rectilinear. The phases can be chosen with any consistent convention such that the total phase accumulated around a closed path adds up to the flux enclosed in units of the flux quantum $\Phi_0 = |h/e|$.

Since closed paths of first-neighbor hops enclose complete unit cells (and hence no net flux) the t_1 matrix elements are unaffected. The t_2 matrix elements acquire a phase $\phi = 2\pi(2\Phi_a + \Phi_b)/\Phi_0$, where Φ_a and Φ_b are the fluxes through the regions of the unit cell marked a and b in Fig. 1. The hopping directions for which the ampli-

tudes are $t_2\exp(+i\phi)$ are shown in Fig. 1: It can be seen that the Hamiltonian has acquired a chirality if the local field is present.

It is useful to consider a possible model for the origin of such an internal magnetic field. Magnetic dipole moments μ, ordered ferromagnetically normal to the plane, are placed at the center of each hexagonal cell of the honeycomb net, and $B(\mathbf{r})$ is the sum of their dipole fields. Note that ferromagnetic ordering in 2D does *not* generate a uniform component of the magnetic-flux density. The absolute value of ϕ is $Ca^2\mu/a$, where α is the fine-structure constant, μ is the dipole moment in Bohr magneton units, a is the lattice spacing Bohr radii, and C is a dimensionless constant (of order unity) which depends on the lattice structure. If μ and a are of order unity in their natural units, the phase ϕ in this model will be a small quantity controlled by the fine-structure constant.

To diagonalize the Hamiltonian, I use a basis of two-component "spinors" (ψ_{kA}, ψ_{kB}) of Bloch states constructed on the two sublattices. Let $\mathbf{a}_1, \mathbf{a}_2, \mathbf{a}_3$ be the displacements from a B site to its three nearest-neighbor A sites, defined so that $\hat{z}\cdot\mathbf{a}_1\times\mathbf{a}_2$ is positive. I also define $\mathbf{b}_1 = \mathbf{a}_2 - \mathbf{a}_3$, $\mathbf{b}_2 = \mathbf{a}_3 - \mathbf{a}_1$, etc.; the set of displacements to the six nearest neighbors on the same sublattice is $\{\pm\mathbf{b}_i\}$. In this representation, the Hamiltonian becomes

$$H(\mathbf{k}) = 2t_2\cos\phi\left[\sum_i \cos(\mathbf{k}\cdot\mathbf{b}_i)\right]I + t_1\left[\sum_i [\cos(\mathbf{k}\cdot\mathbf{a}_i)\sigma^1 + \sin(\mathbf{k}\cdot\mathbf{a}_i)\sigma^2]\right] + \left[M - 2t_2\sin\phi\left[\sum_i \sin(\mathbf{k}\cdot\mathbf{b}_i)\right]\right]\sigma^3, \quad (1)$$

where σ^i are Pauli matrices. The Brillouin zone is a hexagon rotated 90° with respect to the Wigner-Seitz unit cell: At its six corners $(\mathbf{k}\cdot\mathbf{a}_1, \mathbf{k}\cdot\mathbf{a}_2, \mathbf{k}\cdot\mathbf{a}_3)$ is a permutation of $(0, 2\pi/3, -2\pi/3)$. The two distinct corners $\mathbf{k}_a^0$ are defined so that $\mathbf{k}_a^0\cdot\mathbf{b}_i = (2\pi/3)a$, $\alpha = \pm1$.

The energy bands are easily obtained. There are two bands which only touch if all three Pauli matrix terms in (1) have vanishing coefficients. This can only occur at zone corners $\mathbf{k}_a^0$, and then only if $M = 3\sqrt{3}at_2\sin\phi$. I will assume $|t_2/t_1| < \frac{1}{3}$, which guarantees that the two bands never overlap, and are separated by a finite gap unless they touch.

If both M and $t_2\sin\phi$ vanish, the bands touch at both zone corners, where the group of the wave vector[6] has the unitary subgroup C_{3v}, which contains a reflection that interchanges the A and B sublattices. Apart from the zone center, these are the only points in the Brillouin zone where this group has irreducible representations with dimensions greater than unity, and the degenerate states at these points belong to the two-dimensional representation. The touching of the bands at *two* distinct points in the Brillouin zone is a manifestation of fermion doubling.[3,5] The degeneracy of the bands at these points is lifted either by nonzero M or nonzero $t_2\sin\phi$, either of which reduce the unitary subgroup to C_3, which has only one-dimensional irreducible representations.

When the Fermi level lies in a gap between two bands, σ_{xy} is quantized at $T = 0$, and its value can be obtained

through the thermodynamic relation[7] $\sigma^{xy} = \partial\sigma/\partial B_0|_{\mu,T}$ evaluated at $B_0 = 0$, where σ is the 2D electric-charge density, and B_0 is the flux density of a uniform external magnetic field in the $\hat{z}$ direction. To calculate the induced charge density σ to a weak external magnetic field, it is convenient to expand the Hamiltonian in the neighborhood of the band extrema at the zone corners $\mathbf{k}_a^0$ to linear order in $\delta\mathbf{k} = \mathbf{k} - \mathbf{k}_a^0$, and make the Landau-Peierls substitution $\hbar\delta\mathbf{k} \rightarrow \boldsymbol{\Pi}$, where $\boldsymbol{\Pi} = (\Pi^x, \Pi^y)$ is the dynamical momentum with components satisfying the commutation relation $[\Pi^x, \Pi^y] = i\hbar eB_0$.

For weak B_0, coupling between the two distinct zone corners can be neglected, and two independent effective Hamiltonians H_a are obtained, where

$$H_a = c(\Pi_a^1\sigma^2 - \Pi_a^2\sigma^1) + m_ac^2\sigma^3. \quad (2)$$

Here $c = \frac{3}{2}t_1|\mathbf{a}_i|/\hbar$ and $m_ac^2 = M - 3\sqrt{3}at_2\sin\phi$; Π_a^1 and Π_a^2 are Hermitian operators with the commutation relation $[\Pi_a^1, \Pi_a^2] = iaeB_0\hbar$, defined by

$$(\Pi_a^1 + i\Pi_a^2) = \frac{2}{3}\sum_i e^{-i\mathbf{k}_a^0\cdot\mathbf{a}_i}(\mathbf{a}_i\cdot\boldsymbol{\Pi})/|\mathbf{a}_i|. \quad (3)$$

After second-quantization, (2) is precisely the Hamiltonian of a free-fermion-field theory studied by Jackiw[2] as an $(2+1)$-D analog of the Dirac Hamiltonian.

The spectrum of (2) is relativistic; for $B_0 = 0$,

$$\epsilon_{a\pm}(\mathbf{k}) = \pm[(\hbar ck)^2 + (m_ac^2)^2]^{1/2},$$

while for $B_0 \neq 0$, relativistic Landau levels are obtained[2] as follows:

$$\epsilon_{an\pm} = \pm[(m_a c^2)^2 + n\hbar|eB_0|c^2]^{1/2} \quad (n \geq 1), \qquad (4a)$$

$$\epsilon_{a0} = am_a c^2 \,\mathrm{sgn}(eB_0). \qquad (4b)$$

Every $n \geq 1$ level that evolves out of the upper band as B_0 is turned on is balanced by a level that evolves from the lower band. However, the $n = 0$ "zero-mode" energy is not symmetric under $B_0 \rightarrow -B_0$: It evolves from the *upper* band if $am_a eB_0$ is *positive*, and from the *lower* band if it is *negative*.

In the time-reversal symmetric case $t_2 \sin\phi = 0$, the two masses m_+ and m_- are equal, and the *sum* of the Landau-level spectra derived from the two distinct zone corners is particle-hole symmetric, *and* invariant under $B_0 \rightarrow -B_0$. In this case, $\sigma^{xy} = 0$ by time-reversal invariance. As the Hamiltonian is changed, σ^{xy} remains invariant, provided the Fermi level remains in a gap.[4] When $B_0 = 0$, models where the Fermi level is in the gap and m_+ and m_- have the same sign can evolve continuously from the time-reversal invariant case, and hence have $\sigma^{xy} = 0$.

To calculate σ^{xy} for models where m_+ and m_- have *opposite* signs, I continuously turn on the external field, then vary m_+ and m_- until they become equal, at the same time varying the Fermi level so at all times it lies in a gap. Comparison of the occupation numbers of the Landau levels obtained this way with those obtained by continuously applying the field to the time-reversal invariant system shows that they differ by the complete filling of one Landau level. Thus at $T = 0$ and with a fixed chemical potential, the application of a weak external magnetic field to a system where m_+ and m_- have opposite signs induces an extra *field-dependent* ground-state charge density $\Delta\sigma = \pm e^2 B_0/h$ relative to the field-independent charge density when these parameters have

the same sign. This allows σ^{xy} in the limit $B_0 = 0$ to be evaluated as ve^2/h, where $v = \frac{1}{2}[\mathrm{sgn}(m_-) - \mathrm{sgn}(m_+)]$ $= \pm 1$ or 0. The phase diagram of v for the spinless electron model as a function of M/t_2 and ϕ is shown in Fig. 2.

I note that when the model has *neither* an inversion center *nor* time-reversal invariance (i.e., when both M and $t_2 \sin\phi$ are nonzero), so $|m_+| \neq |m_-|$, the spectrum is no longer invariant under $\mathbf{k} \rightarrow -\mathbf{k}$, and the fermion-doubling principle is defeated. In particular, along the critical lines in the phase diagram where one of m_+ or m_- vanishes, the model has a low-lying massless spectrum simulating nondegenerate relativistic *chiral* fermions.

When $m_a = 0$, the fermion field theory derived from the expansion (2) about the Fermi point with vanishing gap has a charge-conjugation symmetry (particle-hole symmetry) which is *not* present in the lattice model with $t_2 \neq 0$ from which it is derived. In the continuum field theory, there is no lower bound to the Dirac sea of filled electron states, and the establishment of *absolute* as opposed to *relative* values of σ^{xy} is ambiguous. Jackiw[2] invokes the charge-conjugation symmetry of (2) with $m_a = 0$ to assign the value $\sigma^{xy} = 0$ in the case of a particle-hole symmetric Fermi level, where the "zero-mode" Landau level (4b) is half filled. This would imply a quantum Hall effect with $v = \frac{1}{2}\alpha$ if the zero mode is filled, and $v = -\frac{1}{2}\alpha$ if it is empty. This suggests "charge fractionalization," and violates the principle that a noninteracting electron system can only exhibit an *integral* QHE. The model studied here shows how the high-energy cutoff structure of a model with undoubled fermions described by the relativistic Hamiltonian (2) at low energies *must* break the charge-conjugation symmetry, and give an extra contribution of $\pm \frac{1}{2}$ to v, restoring an integral QHE. Thus even if the low-energy spectrum consists of undoubled chiral fermions, their partners must be present at high energies to restore a properly integral QHE.

When electron spin is included without any other change, there is an equal contribution from both spin components, and σ^{xy} is doubled. However, a periodic local magnetic field with the full symmetry of the lattice will also couple to electrons with a Zeeman term $H' = \gamma\phi S^z$, where S^z is the azimuthal electron spin. This term will relatively displace the up-spin and down-spin bands by an energy $\gamma\hbar\phi$, and if this exceeds the gap at the Fermi level, the system will become a partially spin-polarized metal. If $\frac{1}{2}|\gamma|\hbar$ exceeds $3\sqrt{3}|t_2|$, the QHE phases are completely eliminated, but if it is smaller, they survive for small enough M and $t_2 \sin\phi$. (The direct transition from the normal to the anomalous semiconductor phase as M is varied is then replaced by an intermediate spin-polarized metallic phase.) For the realization of the internal field proposed earlier, $\gamma\hbar$ (in units of the rydberg) is given by $C'g/a^2$, where C' is another

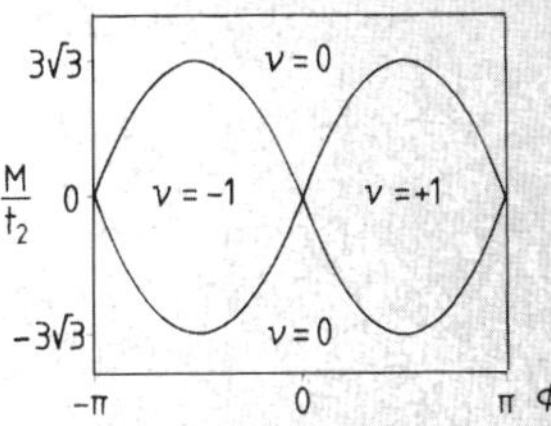

FIG. 2. Phase diagram of the spinless electron model with $|t_2/t_1| < \frac{1}{3}$. Zero-field quantum Hall effect phases ($v = \pm 1$, where $\sigma^{xy} = ve^2/h$) occur if $|M/t_2| < 3\sqrt{3}|\sin\phi|$. This figure assumes that t_2 is positive; if it is negative, v changes sign. At the phase boundaries separating the anomalous and normal ($v = 0$) semiconductor phases, the low-energy excitations of the model simulate undoubled massless chiral relativistic fermions.

geometrical constant of order unity, and g is the Landé g factor for the electrons.

While the particular model presented here is unlikely to be directly physically realizable, it indicates that, at least in principle, the QHE can be placed in the wider context of phenomena associated with broken time-reversal invariance, and does not necessarily require external magnetic fields, but could occur as a consequence of magnetic ordering in a quasi-two-dimensional system.

This requirement is *not* fulfilled by the physical system (a domain wall in a PbTe-type semiconductor) in which Fradkin, Dagotto, and Boyanovsky[8] (FDB) have recently proposed related effects may be realized. In this model, spin-orbit coupling is supposed to give rise to the effect, but this does *not* break time-reversal symmetry. In fact, in "simplifying" the p bands of the Hamiltonian that describes PbTe, FDB introduce an unphysical effective spin-dependent hopping term that is *odd* under time reversal, and thus break the time-reversal invariance of the original physically motivated model. This, rather than any topological character of the domain wall, is the reason that FDB find the "parity anomaly" at the end of their calculation.

I thank E. Fradkin and T. A. L. Ziman for very useful discussions. The author would like to thank the Alfred P. Sloan Foundation for financial support.

---

[1]K. Von Klitzing, G. Dorda, and M. Pepper, Phys. Rev. Lett. **45**, 494 (1980).

[2]R. Jackiw, Phys. Rev. D **27**, 2375 (1984).

[3]H. B. Nielsen and M. Ninomiya, Nucl. Phys. **B185**, 20 (1981), and **B193**, 173 (1981).

[4]D. J. Thouless, M. Kohmoto, M. P. Nightingale, and M. den Nijs, Phys. Rev. Lett. **49**, 405 (1982).

[5]G. Semenoff, Phys. Rev. Lett. **53**, 2449 (1984).

[6]The full group of the wave vector at zone corners contains additional *antiunitary* operations, but these do not give rise to extra degeneracies.

[7]P. Středa, J. Phys. C **15**, L717 (1982); A. Widom, Phys. Lett. **90A**, 474 (1982).

[8]E. Fradkin, E. Dagotto, and D. Boyanovsky, Phys. Rev. Lett. **57**, 2967 (1986), and **58**, 961(E) (1987); D. Boyanovsky, E. Dagotto, and E. Fradkin, Nucl. Phys. **B285**, 340 (1987).

논문 웹페이지

세상에서 가장 쉬운 과학 수업 양자물질

위대한 논문과의 만남을 마무리하며

이 책은 양자물질로 노벨상을 받은 홀데인과 다른 과학자들의 논문에 초점을 맞추었습니다.

양자물질을 이해하기 위해서는 20세기에 등장하는 새로운 물질이나 물질의 새로운 현상의 발견을 알아야 합니다. 우리가 걸어온 이야기는 기체를 액화시킨 선구자들의 실험실에서 시작했습니다. 차갑게 얼려낸 수소와 산소, 그리고 무엇보다도 신비한 성질을 품은 액체헬륨은 단순히 온도의 기록을 새로 쓰는 데 그치지 않았습니다. 초유동성과 초전도성이라는 전혀 새로운 현상을 세상에 드러내며, 물질이 가지는 또 다른 질서를 보여주었습니다. 이 여정은 단순한 냉각 기술을 넘어 물질과 전자의 깊은 세계로 우리를 이끌었습니다. 홀 효과와 양자 홀 효과는 전자의 바닷속에 숨어 있던 질서와 위상을 끌어올렸습니다. 그것은 '보이지 않는 규칙이 자연을 지배한다'는 사실을 깨닫게 했습니다.

또한 우리는 눈을 가진 과학의 도구인 현미경의 진화를 따라가며, 보이지 않던 세계가 점점 더 가까이 다가오는 과정을 보았습니다. 원자 하나하나를 보는 수준까지 도달한 지금, 과학은 시각을 넘어 감각의 경계를 넓혀 가고 있습니다. MRI의 발명은 물리학적 통찰이 어떻게 의료 현장에서 수많은 생명을 살리는 기계로 변모할 수 있는지를 잘 보여줍니다.

한편 탄소라는 낯익은 원소는 그래핀, 풀러렌, 탄소 나노튜브라는 이름으로 다시 태어나, 미래 소재의 주인공이 되었습니다. 단순한 흑연의 연필심이던 탄소가 양자와 만나며 우주선과 전자기기의 핵심으로 진화하는 길을 열었습니다.

그리고 마침내 위상물질 연구로 노벨 물리학상을 거머쥔 학자들의 성취는 하나의 결론을 가리킵니다. 물질은 단순히 '딱딱하고, 흐르고, 기화하는' 존재가 아니라, 보이지 않는 위상이라는 지도로 분류하고 이해할 수 있다는 것입니다. 특히 자기장조차 없는 조건에서 양자 효과를 예견한 홀데인의 논문은, 우리가 아직 보지 못한 미래의 과학이 지금도 우리 곁에서 태어나고 있음을 상기시킵니다.

이 책의 출판 기획상 수식을 피할 수 없을 때는 고등학교 수학 정도를 아는 사람이라면 이해할 수 있도록 처음 쓴 원고를 고치고 또 고치는 작업을 반복했습니다. 그렇게 하여 수식을 줄여보려고 했습니다. 하지만 물리를 좋아하는 사람들이 쉽게 따라갈 수 있도록 친절하게 설명했습니다.

원고를 쓰기 위해 20세기의 여러 논문을 뒤적거렸습니다. 지금과는 완연히 다른 용어와 기호 때문에 많이 힘들었습니다. 특히 번역이 안 되어 있는 자료들이 많았지만 프랑스 논문에 대해서는 불문과를 졸업한 아내의 도움으로 조금은 이해할 수 있었습니다.

집필을 끝내자마자 다시 기후 물리에 대한 오리지널 논문을 공부하며, 시리즈를 계속 이어나갈 생각을 하니 즐거움에 벅차오릅니다. 제가 느끼는 이 기쁨을 독자들이 공유할 수 있기를 바라며 이제 힘들었지만 재미있었던 양자물질에 관한 논문들과의 씨름을 여기서 멈추려고 합니다.

끝으로 용기를 내서 이 시리즈의 출간을 결정한 성림원북스의 이성림 사장과 직원들에게 감사를 드립니다. 시리즈 초안이 나왔을 때, 수식이 많아 출판사들이 꺼릴 것 같다는 생각이 들었습니다. 몇 군데에 출판을 의뢰한 후 거절당하면 블로그에 올릴 생각으로 글을 써 내려갔습니다. 놀랍게도 첫 번째로 이 원고의 이야기를 나눈 성림원북스에서 출간을 결정해 주어서 책이 나올 수 있게 되었습니다. 원고를 쓰는 데 필요한 프랑스 논문의 번역을 도와준 아내에게도 고마움을 전합니다. 그리고 이 책을 쓸 수 있도록 멋진 논문을 만든 홀데인 박사님에게도 감사를 드립니다.

진주에서 정완상 교수

이 책을 위해 참고한 논문들

1장

[1] H. K. Onnes, The liquefaction of helium, Commun. Phys. Lab. Univ. Leiden, 1908.

[2] P. Kapitza, "Viscosity of Liquid Helium below the λ-Point", Nature. 141 (3558): 74, January 1938.

[3] J. F. Allen and D. Misener, "Flow of Liquid Helium II", Nature. 141 (3558): 75, January 1938.

2장

[1] G. Binnig, H. Rohrer, Ch. Gerber and E. Weibel, "Surface Studies by Scanning Tunneling Microscopy", Physical Review Letters. 49 (1): 57, 1982.

3장

[1] P. Drude, "Zur Elektronentheorie der Metalle", Annalen der Physik. 306 (3): 566-613, 1900.

[2] G. B. Yntema, "Superconducting winding for electromagnets", Physical Review. 98 (4). APS: 1197, 1955.

[3] J. E. Kunzler, E. Buehler, F. S. L. Hsu and J. H. Wernick,

"Superconductivity in Nb3Sn at High Current Density in a Magnetic Field of 88 kilogauss", Physical Review Letters. 6 (5). APS: 890, 1961.

[4] W. Meissner and R. Ochsenfeld, "Ein neuer Effekt bei Eintritt der Supraleitfähigkeit", Naturwissenschaften. 21 (44): 787-788, 1933.

[5] J. Bardeen, L. N. Cooper and J. R. Schrieffer, "Microscopic Theory of Superconductivity", Physical Review. 106 (1): 162-164, April 1957.

[6] B. D. Josephson, "Possible new effects in superconductive tunnelling", Physics Letters. 1 (7): 251-253, 1962.

[7] P. Anderson and J. Rowell, "Probable Observation of the Josephson Superconducting Tunneling Effect", Physical Review Letters. 10 (6): 15. pp. 230-232, March 1963(received 11 January 1963).

[8] J. G. Bednorz and K. A. Müller, "Possible high Tc superconductivity in the Ba−La−Cu−O system", Z. Phys. B. 64 (1): 189-193, 1986.

[9] M. K. Wu; J. R. Ashburn; C. J. Torng; P. H. Hor; R. L. Meng; L. Gao; Z. J. Huang; Y. Q. Wang; C. W. Chu, "Superconductivity at 93 K in a new mixed−phase Y−Ba−Cu−O compound system at ambient pressure", Phys. Rev.

Lett. 58 (9): 908-910, 1987.

4장

[1] I. I. Rabi, J. R. Zacharias, S. Millman and P. Kusch, "A New Method of Measuring Nuclear Magnetic Moment", Physical Review. 53 (4): 318-327, 1938.

[2] F. Bloch, W. W. Hansen and M. Packard, "Nuclear Induction", Physical Review. 69 (3-4): 127, 1 February 1946.

[3] E. Purcell, H. Torrey and R. Pound, "Resonance Absorption by Nuclear Magnetic Moments in a Solid", Physical Review. 69 (1-2): 37-38, 1946.

5장

[1] E. Hall, "On a New Action of the Magnet on Electric Currents", American Journal of Mathematics. 2 (3): 287-292, 1879.

[2] K. v. Klitzing, G. Dorda and M. Pepper, "New method for high−accuracy determination of the fine−structure constant based on quantized Hall resistance", Phys. Rev. Lett. 45 (6): 494-497, 1980.

[3] D. C. Tsui, H. L. Stormer and A. C. Gossard, "Two− Dimensional Magnetotransport in the Extreme Quantum

Limit", Physical Review Letters. 48 (22): 1559, 1982.

[4] R. B. Laughlin, "Anomalous Quantum Hall Effect: An Incompressible Quantum Fluid with Fractionally Charged Excitations", Physical Review Letters. 50 (18): 1395-1398, 1983.

[5] L. Landau, "Diamagnetismus der Metalle(Diamagnetism of Metals)", Zeitschrift für Physik (in German). 64 (9-10), 1930.

6장

[1] G. Ruess and F. Vogt, "Höchstlamellarer Kohlenstoff aus Graphitoxyhydroxyd", Monatshefte für Chemie. 78 (3-4): 222-242, 1948.

[2] H. P. Boehm, A. Clauss, G. Fischer and U. Hofmann, "Surface Properties of Extremely Thin Graphite Lamellae"(PDF), Proceedings of the Fifth Conference on Carbon, Pergamon Press, 1962.

[3] H. P. Boehm, R. Setton and E. Stumpp, "Nomenclature and terminology of graphite intercalation compounds", Carbon. 24 (2): 241-245, 1986.

[4] A. K. Geim and K. S. Novoselov, "The rise of graphene", Nature Materials. 6 (3): 183-191, 2007.

[5] H. W. Kroto; J. R. Heath; S. C. O'Brien; R. F. Curl; R. E.

Smalley, "C60: Buckminsterfullerene", Nature 318 (6042): 162-163, 1985.

[6] S. Iijima, "Helical microtubules of graphitic carbon", Nature. 354 (6348): 56-58, 1991.

[7] H. Liu; A. T. Neal; Z. Zhu; Z. Luo; X. Xu; D. Tománek; P. D. Ye, "Phosphorene: An Unexplored 2D Semiconductor with a High Hole Mobility", ACS Nano. 8 (4): 4033-4041, 2014.

[8] S. P. Koenig; R. A. Doganov; Henrrik Schmidt; A. H. C. Neto; B. Ozyilmaz, "Electric Field Effect in Ultrathin Black Phosphorus", Applied Physics Letters. 104 (10): 103106, 2014.

7장

[1] J. M. Kosterlitz and D. J. Thouless, "Ordering, metastability and phase transitions in two—dimensional systems", Journal of Physics C: Solid State Physics. Vol. 6. pp. 1181-1203, 1973.

[2] F. D. Haldane, Model for a quantum Hall effect without Landau levels: Condensed—matter realization of the "parity anomaly", Phys Rev Lett 61. pp. 2015—2018, 1988.

     세상에서 가장 쉬운 과학 수업 양자물질

수식에 사용하는 그리스 문자

대문자	소문자	읽기	대문자	소문자	읽기
A	α	알파(alpha)	N	ν	뉴(nu)
B	β	베타(beta)	Ξ	ξ	크시(xi)
Γ	γ	감마(gamma)	O	o	오미크론(omicron)
Δ	δ	델타(delta)	Π	π	파이(pi)
E	ε	엡실론(epsilon)	P	ρ	로(rho)
Z	ζ	제타(zeta)	Σ	σ	시그마(sigma)
H	η	에타(eta)	T	τ	타우(tau)
Θ	θ	세타(theta)	Y	υ	입실론(upsilon)
I	ι	요타(iota)	Φ	φ	피(phi)
K	χ	카파(kappa)	X	χ	키(chi)
Λ	λ	람다(lambda)	Ψ	ψ	프시(psi)
M	μ	뮤(mu)	Ω	ω	오메가(omega)

노벨 물리학상 수상자들을 소개합니다

이 책에 언급된 노벨상 수상자는 이름 앞에 ★로 표시하였습니다.

연도	수상자	수상 이유
1901	빌헬름 콘라트 뢴트겐	그의 이름을 딴 놀라운 광선의 발견으로 그가 제공한 특별한 공헌을 인정하여
1902	★헨드릭 안톤 로런츠 피터르 제이만	복사 현상에 대한 자기의 영향에 대한 연구를 통해 그들이 제공한 탁월한 공헌을 인정하여
1903	앙투안 앙리 베크렐	자발 방사능 발견으로 그가 제공한 탁월한 공로를 인정하여
1903	피에르 퀴리 마리 퀴리	앙리 베크렐 교수가 발견한 방사선 현상에 대한 공동 연구를 통해 그들이 제공한 탁월한 공헌을 인정하여
1904	존 윌리엄 스트럿 레일리	가장 중요한 기체의 밀도에 대한 조사와 이러한 연구와 관련하여 아르곤을 발견한 공로
1905	필리프 레나르트	음극선에 대한 연구
1906	조지프 존 톰슨	기체에 의한 전기 전도에 대한 이론적이고 실험적인 연구의 큰 장점을 인정하여
1907	앨버트 에이브러햄 마이컬슨	광학 정밀 기기와 그 도움으로 수행된 분광 및 도량형 조사
1908	가브리엘 리프만	간섭 현상을 기반으로 사진적으로 색상을 재현하는 방법
1909	굴리엘모 마르코니 카를 페르디난트 브라운	무선 전신 발전에 기여한 공로를 인정받아
1910	★요하네스 디데릭 판데르발스	기체와 액체의 상태 방정식에 관한 연구
1911	빌헬름 빈	열복사 법칙에 관한 발견
1912	닐스 구스타프 달렌	등대와 부표를 밝히기 위해 가스 어큐뮬레이터와 함께 사용하기 위한 자동 조절기 발명

세상에서 가장 쉬운 과학 수업 양자물질

1913	★헤이커 카메를링 오너스	특히 액체 헬륨 생산으로 이어진 저온에서의 물질 특성에 대한 연구
1914	막스 폰 라우에	결정에 의한 X선 회절 발견
1915	★윌리엄 헨리 브래그 윌리엄 로런스 브래그	X선을 이용한 결정구조 분석에 기여한 공로
1916	수상자 없음	
1917	찰스 글러버 바클라	원소의 특징적인 뢴트겐 복사 발견
1918	★막스 플랑크	에너지 양자 발견으로 물리학 발전에 기여한 공로 인정
1919	요하네스 슈타르크	커낼선의 도플러 효과와 전기장에서 분광선의 분할 발견
1920	샤를 에두아르 기욤	니켈강 합금의 이상 현상을 발견하여 물리학의 정밀 측정에 기여한 공로를 인정하여
1921	알베르트 아인슈타인	이론 물리학에 대한 공로, 특히 광전효과 법칙 발견
1922	★닐스 보어	원자 구조와 원자에서 방출되는 방사선 연구에 기여
1923	로버트 앤드루스 밀리컨	전기의 기본 전하와 광전효과에 관한 연구
1924	칼 만네 예오리 시그반	X선 분광학 분야에서의 발견과 연구
1925	제임스 프랑크 구스타프 헤르츠	전자가 원자에 미치는 영향을 지배하는 법칙 발견
1926	장 바티스트 페랭	물질의 불연속 구조에 관한 연구, 특히 침전 평형 발견
1927	아서 콤프턴	그의 이름을 딴 효과 발견
	찰스 톰슨 리스 윌슨	수증기 응축을 통해 전하를 띤 입자의 경로를 볼 수 있게 만든 방법
1928	오언 윌런스 리처드슨	열전자 현상에 관한 연구, 특히 그의 이름을 딴 법칙 발견
1929	루이 드브로이	전자의 파동성 발견
1930	★찬드라세카라 벵카타 라만	빛의 산란에 관한 연구와 그의 이름을 딴 효과 발견
1931	수상자 없음	

1932	★베르너 하이젠베르크	수소의 동소체 형태 발견으로 이어진 양자역학의 창시
1933	에르빈 슈뢰딩거	원자 이론의 새로운 생산적 형태 발견
	★폴 디랙	
1934	수상자 없음	
1935	제임스 채드윅	중성자 발견
1936	빅토르 프란츠 헤스	우주 방사선 발견
	칼 데이비드 앤더슨	양전자 발견
1937	클린턴 조지프 데이비슨	결정에 의한 전자의 회절에 대한 실험적 발견
	조지 패짓 톰슨	
1938	★엔리코 페르미	중성자 조사에 의해 생성된 새로운 방사성 원소의 존재에 대한 시연 및 이와 관련된 느린중성자에 의한 핵반응 발견
1939	어니스트 로런스	사이클로트론의 발명과 개발, 특히 인공 방사성 원소와 관련하여 얻은 결과
1940	수상자 없음	
1941		
1942		
1943	★오토 슈테른	분자선 방법 개발 및 양성자의 자기 모멘트 발견에 기여
1944	★이지도어 아이작 라비	원자핵의 자기적 특성을 기록하기 위한 공명 방법
1945	★볼프강 파울리	파울리 원리라고도 불리는 배제 원리의 발견
1946	★퍼시 윌리엄스 브리지먼	초고압을 발생시키는 장치의 발명과 고압 물리학 분야에서 그가 이룬 발견에 대해
1947	에드워드 빅터 애플턴	대기권 상층부의 물리학 연구, 특히 이른바 애플턴층의 발견
1948	패트릭 메이너드 스튜어트 블래킷	윌슨 구름상자 방법의 개발과 핵물리학 및 우주 방사선 분야에서의 발견
1949	유카와 히데키	핵력에 관한 이론적 연구를 바탕으로 중간자 존재 예측

세상에서 가장 쉬운 과학 수업 양자물질

연도	수상자	업적
1950	세실 프랭크 파월	핵 과정을 연구하는 사진 방법의 개발과 이 방법으로 만들어진 중간자에 관한 발견
1951	존 더글러스 콕크로프트 어니스트 토머스 신턴 월턴	인위적으로 가속된 원자 입자에 의한 원자핵 변환에 대한 선구자적 연구
1952	★펠릭스 블로흐 ★에드워드 밀스 퍼셀	핵자기 정밀 측정을 위한 새로운 방법 개발 및 이와 관련된 발견
1953	프리츠 제르니커	위상차 방법 시연, 특히 위상차 현미경 발명
1954	막스 보른	양자역학의 기초 연구, 특히 파동함수의 통계적 해석
1954	발터 보테	우연의 일치 방법과 그 방법으로 이루어진 그의 발견
1955	윌리스 유진 램	수소 스펙트럼의 미세 구조에 관한 발견
1955	폴리카프 쿠시	전자의 자기 모멘트를 정밀하게 측정한 공로
1956	윌리엄 브래드퍼드 쇼클리 ★존 바딘 월터 하우저 브래튼	반도체 연구 및 트랜지스터 효과 발견
1957	양전닝 리정다오	소립자에 관한 중요한 발견으로 이어진 소위 패리티 법칙에 대한 철저한 조사
1958	파벨 알렉세예비치 체렌코프 일리야 프란크 이고리 탐	체렌코프 효과의 발견과 해석
1959	★에밀리오 지노 세그레 오언 체임벌린	반양성자 발견
1960	도널드 아서 글레이저	거품 상자의 발명
1961	로버트 호프스태터	원자핵의 전자 산란에 대한 선구적인 연구와 핵자 구조에 관한 발견
1961	루돌프 뫼스바워	감마선의 공명 흡수에 관한 연구와 그의 이름을 딴 효과에 대한 발견

1962	★레프 다비도비치 란다우	응집 물질, 특히 액체 헬륨에 대한 선구적인 이론
1963	유진 폴 위그너	원자핵 및 소립자 이론에 대한 공헌, 특히 기본 대칭 원리의 발견 및 적용을 통한 공로
	마리아 괴페르트 메이어	핵 껍질 구조에 관한 발견
	한스 옌센	
1964	니콜라이 바소프	메이저–레이저 원리에 기반한 발진기 및 증폭기의 구성으로 이어진 양자 전자 분야의 기초 작업
	알렉산드르 <u>프로호로프</u>	
	찰스 하드 타운스	
1965	도모나가 신이치로	소립자의 물리학에 심층적인 결과를 가져온 양자전기역학의 근본적인 연구
	줄리언 슈윙거	
	★리처드 필립스 파인먼	
1966	알프레드 카스틀러	원자에서 헤르츠 공명을 연구하기 위한 광학적 방법의 발견 및 개발
1967	★한스 알브레히트 베테	핵반응 이론, 특히 별의 에너지 생산에 관한 발견에 기여
1968	루이스 월터 앨버레즈	소립자 물리학에 대한 결정적인 공헌, 특히 수소 기포 챔버 사용 기술 개발과 데이터 분석을 통해 가능해진 다수의 공명 상태 발견
1969	머리 겔만	기본 입자의 분류와 그 상호 작용에 관한 공헌 및 발견
1970	한네스 올로프 예스타 알벤	플라스마 물리학의 다양한 부분에서 유익한 응용을 통해 자기유체역학의 기초 연구 및 발견
	루이 외젠 펠릭스 네엘	고체물리학에서 중요한 응용을 이끈 반강자성 및 강자성에 관한 기초 연구 및 발견
1971	데니스 가보르	홀로그램 방법의 발명 및 개발
1972	★존 바딘	일반적으로 BCS 이론이라고 하는 초전도 이론을 공동으로 개발한 공로
	★리언 닐 쿠퍼	
	★존 로버트 슈리퍼	

   세상에서 가장 쉬운 과학 수업 양자물질

연도	수상자	업적
1973	에사키 레오나	반도체와 초전도체의 터널링 현상에 관한 실험적 발견
	이바르 예베르	
	★브라이언 데이비드 조지프슨	터널 장벽을 통과하는 초전류 특성, 특히 일반적으로 조지프슨 효과로 알려진 현상에 대한 이론적 예측
1974	마틴 라일	전파 천체물리학의 선구적인 연구: 라일은 특히 개구 합성 기술의 관찰과 발명, 그리고 휴이시는 펄서 발견에 결정적인 역할을 함
	앤터니 휴이시	
1975	오게 닐스 보어	원자핵에서 집단 운동과 입자 운동 사이의 연관성 발견과 이 연관성에 기초한 원자핵 구조 이론 개발
	벤 로위 모텔손	
	제임스 레인워터	
1976	버턴 릭터	새로운 종류의 무거운 기본 입자 발견에 대한 선구적인 작업
	새뮤얼 차오 충 팅	
1977	★필립 워런 앤더슨	자기 및 무질서 시스템의 전자 구조에 대한 근본적인 이론적 조사
	네빌 프랜시스 모트	
	존 해즈브룩 밴블렉	
1978	★표트르 레오니도비치 카피차	저온 물리학 분야의 기본 발명 및 발견
	아노 앨런 펜지어스	우주 마이크로파 배경 복사의 발견
	로버트 우드로 윌슨	
1979	셸던 리 글래쇼	특히 약한 중성 전류의 예측을 포함하여 기본 입자 사이의 통일된 약한 전자기 상호 작용 이론에 대한 공헌
	압두스 살람	
	스티븐 와인버그	
1980	제임스 왓슨 크로닌	중성 K 중간자의 붕괴에서 기본 대칭 원리 위반 발견
	밸 로그즈던 피치	
1981	니콜라스 블룸베르헌	레이저 분광기 개발에 기여
	아서 레너드 숄로	
	카이 만네 뵈리에 시그반	고해상도 전자 분광기 개발에 기여

1982	케네스 게디스 윌슨	상전이와 관련된 임계 현상에 대한 이론
1983	수브라마니안 찬드라세카르	별의 구조와 진화에 중요한 물리적 과정에 대한 이론적 연구
	윌리엄 앨프리드 파울러	우주의 화학 원소 형성에 중요한 핵반응에 대한 이론 및 실험적 연구
1984	카를로 루비아	약한 상호 작용의 커뮤니케이터인 필드 입자 W와 Z의 발견으로 이어진 대규모 프로젝트에 결정적인 기여
	시몬 판데르 메이르	
1985	★클라우스 폰 클리칭	양자화된 홀 효과의 발견
1986	★에른스트 루스카	전자 광학의 기초 작업과 최초의 전자 현미경 설계
	★게르트 비니히	스캐닝 터널링 현미경 설계
	★하인리히 로러	
1987	★요하네스 게오르크 베드노르츠	세라믹 재료의 초전도성 발견에서 중요한 돌파구
	★카를 알렉산더 뮐러	
1988	리언 레더먼	뉴트리노 빔 방법과 뮤온 중성미자 발견을 통한 경입자의 이중 구조 증명
	멜빈 슈워츠	
	잭 스타인버거	
1989	노먼 포스터 램지	분리된 진동 필드 방법의 발명과 수소 메이저 및 기타 원자시계에서의 사용
	한스 게오르크 데멜트	이온 트랩 기술 개발
	볼프강 파울	
1990	제롬 프리드먼	입자 물리학에서 쿼크 모델 개발에 매우 중요한 역할을 한 양성자 및 구속된 중성자에 대한 전자의 심층 비탄성 산란에 관한 선구적인 연구
	헨리 웨이 켄들	
	리처드 테일러	
1991	피에르질 드 젠	간단한 시스템에서 질서 현상을 연구하기 위해 개발된 방법을 보다 복잡한 형태의 물질, 특히 액정과 고분자로 일반화할 수 있음을 발견

세상에서 가장 쉬운 과학 수업 양자물질

1992	조르주 샤르파크	입자 탐지기, 특히 다중 와이어 비례 챔버의 발명 및 개발
1993	러셀 헐스 조지프 테일러	새로운 유형의 펄서 발견, 중력 연구의 새로운 가능성을 연 발견
1994	버트럼 브록하우스	중성자 분광기 개발
	클리퍼드 셜	중성자 회절 기술 개발
1995	마틴 펄	타우 렙톤의 발견
	프레더릭 라이너스	중성미자 검출
1996	데이비드 리 더글러스 오셔로프 로버트 리처드슨	헬륨-3의 초유동성 발견
1997	스티븐 추 클로드 코엔타누지 윌리엄 필립스	레이저 광으로 원자를 냉각하고 가두는 방법 개발
1998	★로버트 로플린 ★호르스트 슈퇴르머 ★대니얼 추이	부분적으로 전하를 띤 새로운 형태의 양자 유체 발견
1999	헤라르뒤스 엇호프트 마르티뉘스 펠트만	물리학에서 전기약력 상호작용의 양자 구조 규명
2000	조레스 알표로프 허버트 크로머	정보 통신 기술에 대한 기초 작업(고속 및 광전자 공학에 사용되는 반도체 이종 구조 개발)
	잭 킬비	정보 통신 기술에 대한 기초 작업(집적회로 발명에 기여)
2001	에릭 코넬 칼 위먼 볼프강 케테를레	알칼리 원자의 희석 가스에서 보스-아인슈타인 응축 달성 및 응축 특성에 대한 초기 기초 연구

연도	수상자	업적
2002	레이먼드 데이비스 고시바 마사토시	천체물리학, 특히 우주 중성미자 검출에 대한 선구적인 공헌
	리카르도 자코니	우주 X선 소스의 발견으로 이어진 천체물리학에 대한 선구적인 공헌
2003	알렉세이 아브리코소프 비탈리 긴즈부르크 앤서니 레깃	초전도체 및 초유체 이론에 대한 선구적인 공헌
2004	데이비드 그로스 데이비드 폴리처 프랭크 윌첵	강한 상호작용 이론에서 점근적 자유의 발견
2005	로이 글라우버	광학 일관성의 양자 이론에 기여
	존 홀 테오도어 헨슈	광 주파수 콤 기술을 포함한 레이저 기반 정밀 분광기 개발에 기여
2006	존 매더 조지 스무트	우주 마이크로파 배경 복사의 흑체 형태와 이방성 발견
2007	알베르 페르 페터 그륀베르크	자이언트 자기 저항의 발견
2008	난부 요이치로	아원자 물리학에서 자발적인 대칭 깨짐 메커니즘 발견
	고바야시 마코토 마스카와 도시히데	자연계에 적어도 세 종류의 쿼크가 존재함을 예측하는 깨진 대칭의 기원 발견
2009	찰스 가오	광 통신을 위한 섬유의 빛 전송에 관한 획기적인 업적
	윌러드 보일 조지 엘우드 스미스	영상 반도체 회로(CCD 센서)의 발명
2010	★안드레 가임 ★콘스탄틴 노보셀로프	2차원 물질 그래핀에 관한 획기적인 실험

세상에서 가장 쉬운 과학 수업 양자물질

연도	수상자	업적
2011	솔 펄머터 브라이언 슈밋 애덤 리스	원거리 초신성 관측을 통한 우주 가속 팽창 발견
2012	세르주 아로슈 데이비드 와인랜드	개별 양자 시스템의 측정 및 조작을 가능하게 하는 획기적인 실험 방법
2013	프랑수아 앙글레르 피터 힉스	아원자 입자의 질량 기원에 대한 이해에 기여하고 최근 CERN의 대형 하드론 충돌기에서 ATLAS 및 CMS 실험을 통해 예측된 기본 입자의 발견을 통해 확인된 메커니즘의 이론적 발견
2014	아카사키 이사무 아마노 히로시 나카무라 슈지	밝고 에너지 절약형 백색 광원을 가능하게 한 효율적인 청색 발광 다이오드의 발명
2015	가지타 다카아키 아서 맥도널드	중성미자가 질량을 가지고 있음을 보여주는 중성미자 진동 발견
2016	★데이비드 사울레스 ★덩컨 홀데인 ★마이클 코스털리츠	위상학적 상전이와 물질의 위상학적 위상에 대한 이론적 발견
2017	라이너 바이스 킵 손 배리 배리시	LIGO 탐지기와 중력파 관찰에 결정적인 기여
2018	아서 애슈킨	레이저 물리학 분야의 획기적인 발명(광학 핀셋과 생물학적 시스템에 대한 응용)
	제라르 무루 도나 스트리클런드	레이저 물리학 분야의 획기적인 발명(고강도 초단파 광 펄스 생성 방법)
2019	제임스 피블스	우주의 진화와 우주에서 지구의 위치에 대한 이해에 기여(물리 우주론의 이론적 발견)
	미셸 마요르 디디에 쿠엘로	우주의 진화와 우주에서 지구의 위치에 대한 이해에 기여(태양형 항성 주위를 공전하는 외계 행성 발견)

연도	수상자	업적
2020	로저 펜로즈	블랙홀 형성이 일반 상대성 이론의 확고한 예측이라는 발견
	라인하르트 겐첼	우리 은하의 중심에 있는 초거대 밀도 물체 발견
	앤드리아 게즈	
2021	마나베 슈쿠로	복잡한 시스템에 대한 이해에 획기적인 기여(지구 기후의 물리적 모델링, 가변성을 정량화하고 지구 온난화를 안정적으로 예측)
	클라우스 하셀만	
	조르조 파리시	복잡한 시스템에 대한 이해에 획기적인 기여 (원자에서 행성 규모에 이르는 물리적 시스템의 무질서와 요동의 상호작용 발견)
2022	알랭 아스페	얽힌 광자를 사용한 실험, 벨 불평등 위반 규명 및 양자 정보 과학 개척
	존 클라우저	
	안톤 차일링거	
2023	피에르 아고스티니	물질의 전자 역학 연구를 위해 아토초(100경분의 1초) 빛 펄스를 생성하는 실험 방법 고안
	페렌츠 크러우스	
	안 륄리에	
2024	존 홉필드	인공신경망을 이용해 머신러닝을 가능하게 하는 기초적인 발견과 발명
	제프리 힌턴	

세상에서 가장 쉬운 과학 수업 양자물질